BOTÁNICA OCULTA

Editorial MAXTOR
Fray Luis de León, 20
47002 Valladolid (España)
+34 983 090 110
info@graficasmaxtor.es
www.graficasmaxtor.es

I.S.B.N. 978-84-9761-275-3
depósito legal: VA-572-2006

BOTÁNICA OCULTA

LAS PLANTAS MÁGICAS

SEGÚN

PARACELSO

POR

RODOLFO PUTZ

EDITORIAL PONS

BUENAVISTA, 11. BARCELONA

PARACELSO

(Felipe Aureolo Teofrasto Bombasto
de Hohenheim)

Antes de dar principio a nuestro pequeño tratado de *Botánica Oculta*, o sea el estudio de las plantas mágicas, basado en las teorías del gran Paracelso, del divino Paracelso, como le llaman muchos, séanos permitido trazar, aunque sea a grandes rasgos, la figura colosal del alquimista famoso, del célebre médico revolucionario.

Este hombre genial, una de las figuras más preeminentes que surgieron en los albores del Renacimiento, vió la luz en Einsiedeln (*) el día 10 de noviembre de 1493,

(*) Einsiedeln. (Nuestra Señora de los Eremitas.) Villa de Suiza situada en el fondo de un hermoso valle. En ella se fabrican rosarios y otros objetos religiosos. Hay una célebre abadía de benedictinos, fundada en el siglo IX, que visitan muchos peregrinos el 14 de septiembre.

y fué bautizado con el nombre de Teofrasto, como recuerdo al pensador griego Teofrasto Tyrtamos de Eresos, al cual el doctor Hohenheim, padre de nuestro biografiado, admiraba profundamente.

El nombre de Felipe le fué añadido, sin duda, más tarde, pues lo cierto es que Paracelso no lo usó jamás; el sobrenombre de *Aureolus* debió asimismo aplicársele por sus admiradores en las postrimerías de su vida, ya que hasta el año 1538 no vemos que aparezca en ningún documento relacionado con su personalidad. Y en cuanto al nombre famoso de *Paracelsus*, existe la opinión de que fué su padre el que se lo dió cuando era todavía un muchacho, queriendo así demostrar que entonces era ya más sabio que Celso, médico célebre que vivió en tiempo del Emperador Augusto, y autor de un libro de medicina mucho más avanzado que los de su época.

Y a partir del año 1510 fué conocido bajo el nombre de Paracelso, y aun cuando muy raramente lo hubiese incluído en su firma, lo cierto es que los estampó en sus grandes obras filosóficas y religiosas, y asimismo sus discípulos le llamaban Paracelso y ese nombre es el que apareció siempre en las controversias y en los ataques injuriosos de que fué víctima.

INFANCIA DE PARACELSO. PARACELSO era un niño bajito, enclenque, con tendencia al raquitismo, por lo cual reclamaba los más cariñosos cuidados. Estos los recibía de su propio padre, que sentía por él una infinita ternura. El doctor Hohenheim daba una *importancia* extraordinaria a los efectos salutíferos del aire libre, respirado en plena Naturaleza; por esto, cuando el muchacho hubo crecido, hizo de él su compañero de excursiones, consiguiendo así robustecer su cuerpo y enriquecer su espíritu.

En estas correrías fué cuando aprendió PARACELSO los nombres y las virtudes de las hierbas y plantas curativas, así como los diversos modos de usarlas; conoció los venenos y sus antídotos, y asimismo el arte de preparar toda clase de pócimas.

La Farmacia no se hallaba entonces, en Europa, reconocida oficialmente, como lo estuvo en China, en Egipto, en Judea y en Grecia, millares de años antes de la Era Cristiana. De hecho, la primera farmacopea pertenece a Nuremberg y data de 1542, el año que siguió a la muerte de PARACELSO. Se puede afirmar, pues, que la mayor parte de las hierbas medicinales que hoy se recetan, se conocían ya en la Edad Media, y los religiosos las cultivaban amorosamente en los jardines de sus conventos; por esto se han conservado hasta ahora algunos conocimientos de sus usos.

En las praderas y en los bosques próximos al río Sihl, en el valle donde abundan los pantanos, las sucesivas estaciones hacen florecer y fructificar gran número de plantas. En los prados crecen la genciana, la margarita, la salvia, la francesilla, la camamila, la villorita, la borraja, la angélica, el hinojo, el comino y la adormidera. En los bosques abundan las acelgas, la aspérula, la belladona, la datura, la violeta y las gramíneas silvestres. En los ribazos, en los declives de los montes y por los caminos se encuentran la campánula, la digital, la achicoria, la centáurea, la verónica, la menta, el timol, la verbena, la zarzaparrilla, los líquenes, la hierba sanjuanera, la potentila, el llantén y el avellano silvestre. En los terrenos cenagosos se recogen las prímulas con manchas de color de malva y violeta, los miosotis, las plantas vulnerarias, los helechos y la cola de caballo. Y sobre los páramos, el brezo, la rosa de los Alpes, la rubia de Levante, la saxífraga, la esparceta, la pirola y toda suerte de semillas.

* * *

Se desprende de las propias memorias de PARACELSO que su padre fué su primer maestro de latín, de botánica, de alquimia, de medicina, de cirugía y de teología ; mas hubo en él otras influencias educadoras, las cuales el doctor Hohenheim no pudo infundirle. Estas influencias fueron debidas al espíritu inquieto de la época, de la nueva Era que se estaba preparando.

Hemos de averiguar ahora cómo esta manifestación de su época tuvo relación con el audaz investigador de la Naturaleza y de la Medicina, entre la multitud que seguía aferrada aún a los métodos filosóficos y a las creencias religiosas de la Edad Media ; hemos de ver cómo su inteligencia vivaz comprendió que las viejas enseñanzas estaban condenadas a desaparecer y a renovarse como todas las demás cosas.

El espíritu del Renacimiento fué indiscutiblemente, el que dió a PARACELSO ese gran impulso hacia la inducción científica y al método experimental. La alianza de este espíritu científico con las corrientes espirituales de la Reforma, con su influencia sobre el alma de los hombres, debida realmente a Lutero, nos explicará la formación de su personalidad, aparentemente contradictoria.

Las teorías reinantes estaban en difusión activa mucho antes de Lutero. Doscientos cincuenta años atrás un alma solitaria, Rogelio Bacón, tuvo la visión que iluminó las tinieblas acumuladas de quince siglos de ignorancia y descubrió la clave del divino tesoro de la Naturaleza.

En 1488 nació Lutero; diez años más tarde, PARACELSO; en 1510 vió la luz el famoso médico y filósofo milanés Jerónimo Cardano, y en 1517 nació el celebérrimo cirujano Ambrosio Paré. Copérnico, el astrónomo revolucionario, y Pico de la Mirándola fueron contemporáneos de esta pléyade ilustre. Todo apareció de una vez: nueva concepción religiosa; nueva filosofía; nuevas ciencias y una gran renovación en el mundo del arte.

INICIACIÓN DE PARACELSO. PARACELSO, de muy joven, fué enviado a la famosa escuela de los benedictinos del monasterio de San Andrés, en el Lavanthal, para su ins-

Paracelso en su laboratorio

trucción religiosa, y aquí fué donde trabó amistad con el obispo Eberhard Baumgartner, al cual se le consideraba como uno de los alquimistas más notables de su tiempo.

Tanto fué el ardor con que PARACELSO emprendió sus trabajos de laboratorio, tanta su fuerza de observación en los fenómenos que estudiaba, que muy pronto se halló en condiciones insuperables para acometer un trabajo que se adelantaba a su siglo. Por fortuna, además, el clima de Karinthie favoreció en gran manera su desarrollo físico, consiguiendo disfrutar de una salud casi perfecta.

Pasó luego PARACELSO a Basilea, donde hizo grandes progresos en el estudio de las Ciencias Ocultas. Por aquellos tiempos era imposible dedicarse a la medicina sin conocer profundamente la astrología. La ciencia experimental estaba por nacer. Todos los conocimientos que se adquirían en los colegios o conventos eran puramente dogmáticos : sus enseñanzas eran conservadas respetuosamente durante muchos siglos.

El misticismo y la magia convivían con las teorías más opuestas. Los hombres más célebres les rendían homenaje. William Howitt, un médico notable, escribió las siguientes palabras : «El verdadero misticismo consiste en la relación directa entre la inteligencia humana y la de Dios. El falso misticismo no busca la verdadera comunión entre Dios y el hombre. El espíritu absorbido en Dios está protegido contra todo ataque. La mente puesta en Dios aclara la inteligencia.»

Este fué el misticismo que PARACELSO se esforzó en adquirir: la unión de su alma con el *Espíritu Divino*, a fin de poder concebir el funcionamiento de este *Espíritu Universal* dentro de la Naturaleza.

Al salir para Basilea había adquirido ya la práctica de las operaciones quirúrgicas, ayudando a su padre en la curación de heridos. En sus *Libros y Escritos de Cirugía* nos cuenta que tuvo los mejores maestros en dicha ciencia, y que había leído y meditado los textos de los hombres más célebres presentes y pasados.

Poca cosa se sabe de la estancia de PARACELSO en Basilea, únicamente consta que fué en el año 1510. La Universidad estaba entonces en manos de los escolásticos y los pedantes de la época. Muy pronto se dió cuenta PARACELSO de que nada iba a salir ganando con las enseñanzas estúpidas de aquellos doctores. «El polvo y las cenizas respetadas por estos espíritus estériles — escribe—se habían elaborado y transformado en materia importante.»

PARACELSO renunció olímpicamente a terciar en la lucha con aquellos sabios, guardianes petrificados de la ciencia oficial. Él quería la verdad y no la pedantería ; el orden y no la confusión ; el experimento científico y no el empirismo.

PARACELSO, según propia manifestación, había leído las obras manuscritas del abate Tritemio, que figuraban en la valiosa biblioteca de su padre, y, tanto le sedujeron que decidió trasladarse a Würzburg, lugar donde permanecía el sabio abate en comunión con sus discípulos.

Tritemio o Tritemius ; se llamaba así en gracia del lugar de su nacimiento : Treitenheim, cerca de Trèves. Su verdadero nombre era Juan Heindemberg. De muy joven era ya célebre por su sabiduría ; a la edad de veintiún años fué elegido abate de Sponheim. En 1506 fué trasladado al convento de San Jaime, cerca de Würzburg, donde murió en diciembre de 1516.

Afirmaba que las fuerzas secretas de la Naturaleza estaban confiadas a seres espirituales. Abundaban sus discípulos y, a los

DEL LIBRO «THEÁTRUM CHÉMICUM»

que estimaba dignos, les admitía en su laboratorio, donde se manipulaban toda clase de experimentos alquímicos y mágicos.

Como hemos dicho, PARACELSO emprendió su gran viaje a Würzburg. Estaba entonces algo más robusto, aunque su presencia continuaba siendo insignificante. Cuando se instaló en dicha ciudad, el abate Tritemio era considerado por las gentes ignorantes como un brujo peligroso. Había penetrado ciertos misterios de la Naturaleza y del mundo espiritual ; acertó dar con algunos fenómenos raros, que hoy llamamos magnetismo y telepatía.

En ciertos experimentos psíquicos consiguió éxitos sorprendentes ; él, quizá, fué el primero que nos ha hablado de la transmisión del pensamiento a distancia. A él se deben los primeros ensayos de la criptografía o escritura secreta. Era asimismo un gran conocedor de la Cábala, por medio de la cual había dado profundas interpretaciones de los pasajes proféticos y místicos de la Biblia. Por ello colocaba las Santas Escrituras por encima de todos los estudios ; sus alumnos debían dedicarles toda su atención y todo su amor.

En esto, PARACELSO se sintió influenciado por todo el resto de su vida, ya que el estudio de la Biblia fué posteriormente una de las tareas que le ocuparon más intensamente. En sus escritos hallamos el testimonio de su conocimiento perfecto del lenguaje y del profundo significado esotérico del Gran Libro.

Si bien es cierto que estudió las Ciencias Ocultas con el abate Tritemio, llegando a conocer las fuerzas misteriosas del mundo visible e invisible, no es menos cierto que abandonó muy pronto ciertas prácticas mágicas, por creerlas indignas y contrarias a la divina voluntad. Sobre todo, aborreció la Nigromancia, que practicaban hombres poco escrupulosos, convencido de que con ella sólo se atraían las fuerzas maléficas. Renunció, asimismo, toda ganancia personal que derivase del ejercicio de la Magia, pues ésta, según él, sólo era permitida cuando se trataba de curar desinteresadamente o hacer otro bien cualquiera a nuestros semejantes.

Fué con esta finalidad que se lanzó a las investigaciones y a los experimentos de magia divina. Discernía perfectamente el alimento mental y espiritual del que era impropio y falaz para alcanzar la unión de su alma con la divinidad.

Curar a los hombres como Cristo los había curado: éste era todo su anhelo; y quizá la misma comunión con el Señor la investiría de este poder sublime. Entre tanto, recibía de Dios la gracia de saber buscar y hallar todos los medios de curación con los cuales el Creador había provisto la Naturaleza.

PARACELSO MÉDICO Y ALQUIMISTA. PARACELSO se entregó, como hemos dicho antes, con un fervor y un entusiasmo sin límites al estudio profundo de la Alquimia. «La Alquimia —dice nuestro biografiado— no tiene por objeto exclusivamente la obtención de la piedra filosofal; la finalidad de la Ciencia Hermética consiste en producir esencias soberanas y emplearlas debidamente en la curación de las enfermedades.»

Con todo, no pudo substraerse a la preocupación dominante de la época, y se ocupó también por algún tiempo en aquellas prácticas alquímicas que enseñan a transformar en oro los metales «impuros».

Según algunos autores, salió triunfante en su magna empresa y no prosiguió en la obra una vez satisfecha su curiosidad, pues no perseguía otro fin que la evidencia de ciertas doctrinas, para poder hablar de ellas con la convicción plena, condición que él creía de todo punto indispensable.

Los biógrafos de PARACELSO, al hablar de él como alquimista, le colocan en el rango más elevado. Afirman todos unánimemente que poseía un poder escrutador que le permitía penetrar el espíritu mismo de las cosas de la Naturaleza.

Peter Ramus escribe: «PARACELSO se interna en las entrañas más profundas de la Naturaleza, las explora y sabe ver, al través de sus formas, la influencia de los metales, con una penetración tan sagaz, que llega a extraer de ellos nuevos remedios.»

Melchor Adam, uno de los biógrafos de PARACELSO que más han estudiado su personalidad desde el punto de vista científico, ha dicho: «En lo referente a la filosofía hermética, tan ardua, tan misteriosa, nadie le igualó.»

Abandonó, mejor dicho, rechazó el estudio de la Crisopeya o el arte de «hacer oro» por repugnar a su espíritu noble y desinteresado, pero aprovechó abundantes prácticas alquímicas que, a su juicio, podían ser desarrolladas y aplicadas a la Medicina. Estaba persuadido de que casi todos los minerales, sometidos al análisis, podían darnos a conocer grandes secretos curativos y vivificantes y conducir a nuevas combinaciones perfectamente eficaces para ciertas enfermedades mentales o físicas. Consideró, como base propia de la divina creación, que *toda substancia dotada de vida orgánica, aunque aparentemente inerte, contenía gran variedad de potencia curativa.*

No calificaba, como hacían sus contemporáneos, de divina la Alquimia, cuyo único objeto era fabricar oro. Para él, los fuegos del hornillo crisopeico tenían otras grandes utilidades, y los que obraban bajo la divina intuición se transformaban pronto en fuegos purificadores en beneficio de la humanidad.

Digamos ahora algo de la bibliografía de PARACELSO. Ésta fué muy extensa. Hoy, los libros de este hombre genial, sobre todo sus primeras ediciones, se pagan a peso de oro. Todas sus obras originales fueron repetidamente reproducidas y traducidas a la vez en todos los idiomas cultos. No intentaremos, pues, hacer siquiera un resumen de su prolija producción; nos limitaremos a citar algunas de las obras menos conocidas.

Opera Omnia Medico-Chirurgica tribus voluminibus comprehensa. Ginebra, 1658. Tres volúmenes en folio.

En esta obra se halla reunida casi toda su labor. Índice: Tomo I: Tratado médico, patológico y terapéutico ocultos. Misterios magnéticos. Tomo II: Obras mágicas, filosóficas, cabalísticas, astrológicas y alquímicas. Tomo III: Anatomía y cirugía propiamente dichas.

Arcanum Arcanorum seu Magisterium Philosophorum. Leipzig, 1686. Un volumen in-8.°.

Esta obra es también interesantísima, por tratar extensamente de las Ciencias Ocultas. Se reimprimió en Franckfurt, el año 1770.

Disputationum de Medicina Nova Philippi Paracelsi. Pars prima in qua quas de remediis supertitionis et magicis curationibus ille prodidit, proecipue examinantur a Thoma Erasto, medicina schola Heydelbergenti professore ad illustris, principium. Liber omnibus quarumcunq; artium et scientiarum studiosis apprime cum necessarius tum utilis. Basileae, apud Petrum Perna, sin año [1586]. Un vol. in-4.°.

Además de su alto valor científico, esta obra despierta un interés muy grande por hallarse en ella la lucha entablada con Tomás Erasto, el enemigo más formidable de PARACELSO.

Hemos citado únicamente estas tres obras en latín por creer que con ellas se puede formar un juicio acabado del célebre médico, considerado desde todos los puntos de vista.

Son muchísimas más las obras que publicó en latín y en alemán. En cuanto a las traducciones son igualmente numerosas. El *Manuel bibliographique des sciences psichiques*, de Alberto L. Caillet, cita más de treinta títulos, y hay que tener en cuenta que dicha Bibliografía data del 1913. Nosotros tenemos noticia de muchas reimpresiones posteriores a dicha fecha. Entre estas últimas citaremos la siguiente, por considerarla muy interesante :

PARACELSE (Théophraste): *Les Sept Livres de l'Archidoxe Magique, traduits pour la première fois en français, texte latin en regard*. París, 1929. Un vol. in-4.°.

Contiene numerosos secretos y talismanes preciosos contra la mayor parte de las enfermedades; para alcanzar una vida sin inquietudes: sobre la doble vista, etc., etc.

Las obras de PARACELSO, como todas las que versaban sobre ciencias ocultas : astrología, magia, alquimia, etc., contienen algunas frases obscuras que sólo los iniciados conocían en todo su valor. Los alquimistas, sobre todo, velaban sus secretos mediante símbolos y frases alegóricas, que los profanos, tomándolos al pie de la letra, les daban las más grotescas interpretaciones. PARACELSO, iniciado por el abate Tritemio, adoptó su terminología, añadiendo de su cosecha voces originarias unas veces de la India, otras del Egipto.

En el glosario de PARACELSO hallamos que el principio de la sabiduría se llama *Adrop* y *Azane*, que corresponde a una traducción esotérica de la piedra filosofal. *Azoth* es el principio creador de la Naturaleza o la fuerza vital espiritualizada. El *Cherio* es la quintaesencia de un cuerpo, sea éste animal, vegetal o mineral, su quinto principio o potencia. El *Derses* es el soplo oculto de la Tierra que activa su desenvolvimiento. El *Ilech Primum* es la Fuerza Primordial o Causal. La *Magia* es la sabiduría, es el empleo consciente de las fuerzas espirituales, para la obtención de fenómenos visibles o tangibles, reales o ilusorios ; es el uso bienhechor del poder de la voluntad, del amor y de la imaginación ; es la fuerza más poderosa del espíritu humano empleada en el bien. La Magia no es brujería.

Podríamos llenar muchas páginas citando voces del glosario de PARACELSO y de los alquimistas en general, pero creemos que son suficientes las que hemos transcrito para dar una idea del carácter oculto de su terminología.

La clave, sin embargo, de ese lenguaje misterioso no se ha perdido. Ha sido guardada celosamente por los cabalistas y transmitida oralmente entre los iniciados. En la actualidad, los poseedores de dicha clave, son los llamados Martinistas y los Rosacruces.

Gracias a ella, el sistema filosófico-religioso (*) de PARACELSO, ha podido ser recuperado en toda su integridad.

Observamos que hizo una división de los elementos a estudiar en los cuerpos animales, vegetales o minerales. Los dividió en Fuego, Aire, Agua y Tierra, como lo habían hecho los antiguos. Estos elementos se hallan presentes en todo cuerpo, organizado o no, y separables unos de otros. Para proceder a la separación eran indispensables los laboratorios provistos del material adecuado. El hornillo era insuficiente ; hacía falta un fuego capaz de poner al rojo

(*) El término «religioso» aquí empleado no hace referencia a ninguna de las religiones positivas, sino al reconocimiento espiritual de la Verdad Divina.

vivo al crisol para mantener constantemente el calor y poderlo aumentar cuando fuese necesario. Se necesitaba una continua provisión de agua, de arena, de limaduras de hierro para calentar gradualmente los hornillos. En los armarios y en las mesas del laboratorio había balanzas perfectamente niveladas, morteros, alambiques, retortas, crisoles esmaltados, vasos graduados, gran variedad de vasijas de cristal, etc., etcétera, y un alambique especial para proceder a las destilaciones.

Con un laboratorio bien montado, el alquimista capaz de aplicarse rigurosamente a su trabajo, ejercido en la minuciosa observación de las reglas alquímicas, puede verificar las diferentes operaciones que son indispensables para someter al análisis las substancias escogidas y extraer de ellas la quintaesencia o el *Arcana*, esto es, las propiedades intrínsecas de los minerales y vegetales.

La quintaesencia, infinitesimal a veces en cantidad, hasta en los grandes cuerpos, afecta, no obstante, la masa en todas sus partes, como una sola gota de bilis produce el mal humor o unos centigramos de azafrán son suficientes para colorear una grande cantidad de agua.

Los metales, las piedras y sus variedades llevan en sí mismos su quintaesencia, lo mismo que los cuerpos orgánicos, y aunque se consideran sin vida, para distinguirlos de los animales y de las plantas, contienen esencias de cuerpos que han vivido.

He ahí una notable afirmación. PARACELSO la sostiene con su teoría de la transmutación de los metales en substancias diversas, teoría sostenida igualmente por los ocultistas modernos.

¡ Qué clarividencia la de este hombre respecto al reino mineral ! Nadie podrá negarle a PARACELSO el título de verdadero sabio, pues él, con sus investigaciones sutiles, supo arrancar los más recónditos secretos de la Naturaleza, secretos que hoy la ciencia explica mejor, sin duda, gracias a los descubrimientos de observadores que disponen de mayores medios científicos, como lo han demostrado Madame Curie y sus colaboradores.

Mientras consideramos el nuevo sistema de filosofía natural desarrollado por PARACELSO, no hay que olvidar que han transcurrido cuatro siglos desde entonces. Fué él, en realidad, quien concibió dichas investigaciones, inspirando con ellas las grandes inteligencias de su época y de las generaciones que siguieron (*).

Sus análisis eran efectuados por medio de diferentes procedimientos: por el fuego, por el vitriolo, por el vinagre y por lenta destilación; sus principales investigaciones fueron sobre las propiedades curativas de los metales, anticipándose a lo que llamamos hoy metaloterapia; tuvo por colaborador el famoso obispo Erhard de Lavantall, al cual incluyó en el número de sus maestros. El bismuto fué una de las substancias que analizó con preferencia, clasificándola de semimetal, y es, seguramente, gracias a dicha substancia que previó la existencia de las propiedades activas de los minerales que sugerieron los procedimientos de la *transmutación*. Descubrió asimismo el cinc, que clasificó también como se-

(*) El momento histórico es de suma importancia para la justa apreciación de ese descubrimiento. Preciso es estudiar las condiciones del siglo XVI para apreciar en todo su valor lo que PARACELSO realizó, al objeto de conseguir su alta moralidad, que despertó un odio feroz en todos los hombres de carácter ruín, de bajos sentimientos y de mentalidad nada lúcida, y para comprender su ánimo inalterable ante las rencorosas oposiciones de sus enemigos.

mimetal ; y fué una de las numerosas aportaciones que hizo a la farmacia.

Entre éstas hubo preparaciones de hierro, de antimonio, de mercurio y de plomo. El azufre y el ácido sulfúrico fueron objeto de interés y prácticas especiales, representando para su espíritu, una substancia fundamental ya que materializaba la volatilidad. Hizo investigaciones sobre amalgamas con el mercurio, con el cobre, sobre el alumbre y sus usos, y sobre los gases producidos por la solución y la calcinación. Lo que quedaba en estado de ceniza, en virtud de la calcinación, lo consideraba como indestructible y secreta parte de una substancia : su sal, incorruptible. Es la *sal sidérica* de los alquimistas.

Estas investigaciones culminaron en su Teoría de las Tres Substancias, bases necesarias a todos los cuerpos y que él llamó *azufre, mercurio, sal,* en su lenguaje cifrado.

El azufre significaba el fuego ; el mercurio, el agua ; la sal, la tierra. De otro modo : la volatilidad, la fluidez, la solidez. Omitió el aire por considerarlo producto del fuego y del agua. Todos los cuerpos, orgánicos o minerales; hombre o metal; hierro, diamante o planta, eran según él combinaciones variadas de esos elementos fundamentales. Su enseñanza sobre la base y las cualidades de la materia se ciñe a esa *Teoría de los Tres Principios*, que consideraba como premisas de toda actividad, los límites de todo análisis y la parte constitutiva de todos los cuerpos. Ellos son el alma, el cuerpo y el espíritu de toda materia, que es única. La potencia creadora de la Naturaleza, que él denominó *Archeus*, proporciona a la materia infinidad de formas, conteniendo cada una de ellas su alcohol propio, o sea su alma animal, y a la vez su *Ares*, o sea su carácter específico. El hombre posee, además, el *Aluech*, o sea la parte puramente espiritual.

Esta fuerza creadora de la Naturaleza es un espíritu invisible y sublime; es como un artista y artesano a la vez que se complace variando los tipos y reproduciéndolos. PARACELSO adoptó las voces Macrocosmos y Microcosmos para expresar el gran mundo (Universo) y el pequeño mundo (el Hombre), los cuales, según él, los considera como un reflejo uno de otro.

Además de las investigaciones antedichas, descubrió el cloruro, el opio y el sulfato de mercurio, el calomel y la flor de azufre. A fines del siglo pasado se recetaba aún a los niños un laxante compuesto de jarabe de fresas y unos polvos grises, remedio excelente debido a la terapéutica de Paracelso; así como el ungüento de cinc, que no ha dejado de recetarse jamás, procede del laboratorio paracelsiano. Asimismo, él fué el primero que utilizó el mercurio, y para ciertas enfermedades depauperantes el láudano.

Paracelso escribía con una claridad meridiana. Únicamente en sus escritos sobre Alquimia se hallan ciertas frases enigmáticas, como acontece en todos los demás autores que tratan de dicha materia. Ninguna complicación hay en su estilo, nada de la verbosidad ampulosa y torturada, característica del Renacimiento. Su frase es contundente y se expresa como hombre convencido de que conoce a fondo el asunto de que trata. En algunas de sus obras hallamos la breve y fecunda expresión de un clarividente, y sus pensamientos van revestidos de un lenguaje que los pone a la altura de los aforismos que perduran a través de los tiempos.

«La *Fe* — dice — es una estrella luminosa que guía al investigador a través de los secretos de la Naturaleza. Es preciso buscar vuestro punto de apoyo en Dios, y poner vuestra confianza en un credo divino, fuerte y puro; acerçaos a Él de todo corazón, llenos de amor y desinteresadamente. Si poseéis esa fe, Dios no os esconderá la verdad, sino por el contrario os revelará sus obras de una manera visible y consoladora. La fe en las cosas de la tierra debe sostenerse por medio de las Sagradas Escrituras y por el Verbo de Cristo, única manera de descansar sobre una base firme.»

En ningún otro de sus escritos se observa la precisión de estilo que domina en su tesis sobre los «Tres Principios», sus formas y sus efectos. Un pequeño extracto puede dar una idea más aproximada de su concepción que muchas páginas descriptivas.

El libro fué editado en Basilea, en 1568, por Adam de Bodenstein, el cual dice en el prólogo que PARACELSO había sido calumniado indignamente y que muchos médicos que le denigraban se habían aprovechado de sus descubrimientos y le robaron muchas de sus ideas.

En este pequeño volumen, PARACELSO empieza exponiendo su teoría de los Tres Principios; sostiene que cada substancia o materia en crecimiento está formada de Sal, de Azufre y de Mercurio; la fuerza vital consiste en la unión de los tres principios; hay pues, una acción triple, siempre en acción para cada cuerpo: la de purificación por medio de la sal; la de disolución y consumación por el azufre y la de eliminación por el mercurio.

La sal es un alcalino; el azufre, un aceite; el mercurio, un licor (el agua), pero cada una de las materias tiene su acción separadamente de las otras. En las enfermedades de cierta complicación, las curas mixtas son indispensables.

Hay que poner el mayor cuidado en el examen de cada enfermedad: reconocer si es simple o de dos especies o triple; si procede realmente de la sal, del azufre o del mercurio, y qué cantidad contiene de cada elemento o de todos; cuál es su relación con la parte adyacente del cuerpo, a fin de saber si es conveniente extraer de ella, ya sea el álcali, el aceite o el licor; en una palabra, el médico debe procurar no confundir dos enfermedades.

«La *Virtud* — añade PARACELSO —, es la cuarta columna del templo de la Medicina, no ha de fingir; significa el poder que resulta de ser un hombre en la verdadera acepción de la palabra y de poseer no sólo las teorías respecto del tratamiento de la enfermedad, sino el poder de curarlas uno mismo.»

El verdadero médico, lo mismo que el verdadero sacerdote, es ordenado por Dios. Dice PARACELSO respecto a esto lo que sigue:

«Aquel que puede curar enfermedades es médico. Ni los emperadores, ni los papas, ni los colegios, ni las escuelas superiores pueden crear médicos. Pueden conferir privilegios y hacer que una persona que no es médico, aparezca como si lo fuera; pueden darle permiso para matar, mas no pueden darle el poder de sanar; no pueden hacerle médico verdadero sino ha sido ya ordenado por Dios.

»El verdadero médico no se jacta de

su habilidad ni alaba sus medicinas, ni procura monopolizar el derecho de explotar al enfermo, pues sabe que la obra ha de alabar al maestro y no el maestro a la obra.

»Hay un conocimiento que deriva del hombre y otro que deriva de Dios por medio de la luz de la Naturaleza. El que no ha nacido para médico, nunca lo será. El médico debe ser leal y caritativo. El egoísta, muy poco hará a favor de sus enfermos. Conocer las experiencias de los demás, es muy útil para un médico, pero toda la ciencia de los libros no basta para hacer médico a un hombre, a menos que lo sea ya por naturaleza. Sólo Dios da la sabiduría médica» (*).

En el capítulo II describe las tres maneras como la sal limpia y purga el cuerpo diariamente por la virtud del *Archeus* o la fuerza vivificante, inherente a cada órgano. En el mundo elemental hay varias especies de álcalis, como la casia, que es dulce ; la sal gema, que es agria ; el acetato de estaño, que es acerbo ; la coloquíntida, que es amarga. Determinados álcalis son natu-

(*) Franz Hartmann: *Ciencia Oculta en la Medicina*. R. Maynadé, editor. Barcelona. (Biblioteca Orientalista)

rales, otros son extractos, otros se hallan coagulados y obran por expulsión o por transpiración o por otros medios.

En el capítulo III viene explicada la acción del *azufre corporal*. Dice así: «Cada enfermedad resultante de lo superfluo en el cuerpo, tiene su antídoto en la mixtura elemental; de suerte que con la *genera* de las plantas y de los minerales, puede descubrirse el origen de la enfermedad; la una descubre el otro. El *mercurio* absorbe lo que la *sal* y el *azufre* rechazan. Así sucede con las enfermedades de las arterias, de los ligamentos, de las articulaciones y de las coyunturas. En estos casos el mercurio flúido debe ser administrado con fórmula especial que responda mejor a la forma de la dolencia. Lo esencial de la enfermedad reclama lo esencial que la Naturaleza indica como remedio.

En el capítulo IV, PARACELSO insiste en su opinión de que cada enfermedad debe llevar el nombre de su remedio.

«Es preferible —dice—, denominar la lepra *enfermedad de oro*, ya que con el nombre indicamos en sí el remedio. Es mejor también llamar a la epilepsia *enfermedad del vitriolo*, toda vez que con el vitriolo se cura.

»Verdaderamente, mis predecesores no me han ilustrado mucho en el arte de curar. Este arte se esconde misteriosamente en los arcanos de la Naturaleza. Por esto me esfuerzo yo en profundizarlos y mis teorías todas tienden a probar la fuerza vivificante del *Archeus*.»

En el capítulo V trata de las enfermedades encarnativas y de su origen.

«Estas enfermedades—escribe PARACELSO—, derivan todas del mercurio. Las heridas y úlceras, el cáncer, las erisipelas pueden curarse solamente por las varias fuerzas mercuriales de los minerales y de las plantas. Cada médico debe buscarlas, descubrirlas por sí mismo, a fin de que sepa qué cantidad de materia mercurial contienen y pueda prepararlas. Dichas fuerzas las hallará en el topacio y en *ciertos alcoholes*; cada materia con el grado de calor apropiado, con el fin de extraer la esencia de la masa.

»Podréis titularos doctores cuando sepáis manejar cada substancia para sacar de ella el remedio adecuado. La práctica es indispensable; las teorías no son suficientes.»

En el capítulo VI trata de la destilación de los bálsamos compuestos de substancias absorbentes y de percusivos sulfúricos, y da a conocer un sinfín de fórmulas, debidas todas a su experiencia.

Capítulo VII. Termina el libro con una larga disertación sobre el *Archeus*, «el corazón de los elementos», de fuerza creadora y vivificante.

«Debido a esta fuerza nace el árbol de una pequeña semilla. El poder de los elementos hace que la planta viva y se desarrolle. Por esta misma energía los animales se nutren y crecen. Asimismo, esa fuerza reside en el cuerpo humano; cada órgano tiene su energía propia, que lo fortifica y lo renueva; de no ser así, perecería. Por esto, la fuerza del *Archeus* es en cada uno de los miembros del cuerpo humano, la fuerza creadora y vivificante del Macrocosmos y del Microcosmos.»

PARACELSO MÍSTICO. PARACELSO fué ciertamente un místico. Su filosofía espiritual fué hija de su precoz conocimiento del neoplatonismo; tenía por base la unión con Dios, unión por la cual el espíritu del hombre procuraba vencer las malas influencias, descubrir los arcanos de la Naturaleza, conocer el bien, discernir el mal y vivir siempre dentro de la fortaleza divina.

Esta unión con el Eterno iluminaba los ojos de los místicos al través de las brumas y obscuridades de los sistemas éticos y teológicos en boga. Los entregados en cuerpo y alma al misticismo se volvían hacia el trono del Señor, morada de la Sabiduría, de la Verdad y de la Justicia.

Paracelso supo ver la mano de Dios en toda la Naturaleza : en lo profundo de las montañas, donde los metales esperan su voluntad ; en la bóveda celeste, donde «por Él se mueven el sol y las estrellas» ; en las riberas, donde su liberalidad vierte toda suerte de alimentos y la bebida para el hombre ; en los verdes prados y en los bosques, donde crecen miríadas de hierbas y de frutos bienhechores ; en las fuentes, que proporcionan sus dotes curativas. Vió, en fin, que la tierra era la gran obra de Dios y que era preciosa a sus ojos.

Paracelso era una inteligencia fuerte y clara. Era bueno y era sabio. Su vida errante no le despojó jamás de esa bondad que constantemente hizo resplandecer los generosos impulsos de su alma. Sentía como un artista y pensaba como un filósofo; por esto supo hermanar las leyes de la Naturaleza con las del Alma. Esta sensibilidad artística que nunca le abandonaba constituyó el puente entre el PARACELSO hombre y observador visionario de la Realidad, puente maravilloso que descansaba sobre las traviesas de una nueva humanidad: el Renacimiento. Y sobre este puente audaz avanzó la construcción del Universo, del cual fué PARACELSO uno de sus más grandes arquitectos; que no otra cosa fué la declaración de los principios del progreso espiritual, completado, poco más tarde, por Giordano Bruno, poeta, filósofo, artista e investigador de la Naturaleza.

Como las olas del mar, el sentimiento de la Naturaleza se extendió desde PARACELSO hacia los hombres del porvenir, Comenius y Van Helmont entre ellos. Éstos comprendieron igualmente la consagración de las investigaciones y la alegría inefable de descubrir las Leyes Divinas. PARACELSO poseía esa piedad que aun hoy admiramos en los místicos clásicos. Veía a Dios en la

Naturaleza como le veía también en el microcosmos, y por la meditación fué tocado de la gracia divina. Sus conclusiones filosóficas forman la moral de un humanismo cristiano. La confraternidad íntima de los hijos de Dios debe nacer de una humanidad bien ordenada, del saber humano y del inapreciable valor del alma, en cada uno de sus miembros.

Este Universo de formas y de fuerzas infinitas es en su unidad y en su interdependencia la revelación de las leyes de Dios; la Naturaleza es el sostén y el verdadero amigo de los enfermos. Y esta Naturaleza se halla en todas partes: en la tierra, donde obra sus milagros el sembrador, al confiarle la semilla; en las montañas, donde mueren los árboles viejos para dar lugar a los que nacen; en las florestas murmurantes; en los setos; en los lagos, donde el sol juega con las aguas; en todas partes es viva y eterna la madre Naturaleza.

Paracelso la ha encuadrado mediante vistosas imágenes, acertadas comparaciones, ingeniosas alegorías y profundas parábolas. En lenguaje rico y jugoso nos presenta el curso de las estaciones, su proximidad y su fin. Nos pinta la primavera, cuando los nuevos ritmos se balancean gozosos por el aire ; el verano, cuando la joven vida camina hacia la cosecha y el tiempo revela la madurez de los frutos ; el otoño, cuando la labor toca a su fin y la vida languidece, y, finalmente, nos describe el invierno haciéndonos sentir la dulce visión de una muerte sedosa y apacible.

Como buen cristiano siguió las enseñanzas de Jesús. «Dios quiere de nosotros nuestros corazones—dice en el *Tratado de las Enfermedades Invisibles*—, y no las ceremonías, ya que con ellas la fe en Él perece. Si queremos buscar a Dios, debemos buscarle dentro de nosotros mismos, pues fuera de nosotros no le hallaremos jamás.»

Toma por punto de apoyo la Vida y Enseñanza de Nuestro Señor porque en ella está la única base de nuestra creencia :

«Allí está, en la Vida Eterna, descrita por los Evangelios y en las Escrituras, donde encontramos todo cuanto necesitamos, todo, en absoluto.

»Sólo en Cristo hay salud, y por nuestra fe sincera seremos salvados. La fe en Dios y en Su único Hijo nos basta. Lo que nos salva es *la infinita misericordia* de Dios, que perdona nuestros errores. El Amor y la Fe son una misma cosa: el Amor deriva de la Fe y el verdadero Cristianismo se revela en el Amor y en las obras del Amor.»

Creía que la perfección de la vida espiritual estaba designada por Dios para todos los hombres y no solamente para algunos ermitaños, monjes y religiosos que no disponían de ningún mandato especial del Señor para asumir la exclusiva de una santidad, a la cual muy pocos pueden llegar.

«El reino de Dios — añade PARACELSO —, contiene una relación íntima con nuestra vida de fe y de amor, un sinfín de misterios que el alma penetrante va descubriendo uno por uno. Son los misterios de la providencia de Dios, que todo aquel que investigue encontrará; son los misterios de la unión con Dios; es el tabernáculo secreto, las puertas del cual se abrirán a todo aquel que llame. Y los hombres que saben escrutar y llamar son los profetas y los bienhechores de su reinado. A ellos son entregadas las llaves que han de abrir los tesoros de la tierra y de los cielos. Y ellos serán los pastores, los apóstoles del mundo.»

Más adelante habla de la medicina en los *términos siguientes :*

«La Medicina se funda sobre la Naturaleza, la Naturaleza es la Medicina, y solamente en aquélla deben buscarla los hombres. La Naturaleza es el maestro del médico, ya que ella es más antigua que él, y ella existe dentro y fuera del hombre. Bendito, pues, aquel que lee los libros del Señor, y que camina por la senda que Él le ha trazado. Esos son los hombres fieles, sinceros, perfectos de su profesión ; andan firmes bajo la plena luz del día de la Ciencia y no por los abismos obscuros del error... Porque los misterios de Dios en la Naturaleza son infinitos ; Él trabaja donde quiere, como quiere, cuando quiere. Por esto debemos investigar, llamar, interrogar. Y la pregunta nace : ¿Qué clase de hombre debe ser aquel que busca, llama e interroga ? ¡ Cuán verdadera deberá ser la sinceridad de tal hombre, cuán verdadera su fe, su pureza, su castidad, su misericordia !

»Ningún médico puede decir que una enfermedad es incurable. Al decirlo, reniega de Dios, reniega de la Naturaleza, desprecia el Gran Arcano de la Creación. No existe ninguna enfermedad, por terrible que sea, para la cual no haya Dios previsto la cura correspondiente.»

PARACELSO, como hemos visto, era un místico, y un cabalista perfecto, dentro del más puro espíritu cristiano. Aceptó, sin embargo, muchas de las creencias tan en boga en su época referentes a los poderes ocultos y a las fuerzas invisibles.

Creía, asimismo, en la existencia real de los elementales, esto es, en los espíritus del fuego, a los cuales daba el nombre de *acthnici;* en los del aire, que dominaba *melosinae;* en los del agua, que llamaba *nenufdreni,* y en los de la tierra que nombraba *pigmaci.* Además admitía la realidad de las dríadas, a las cuales llabama *durdales,* y a los espíritus familiares (los dioses lares de los romanos), que él denominaba *flagae.* Afirmó igualmente la existencia del cuerpo astral del hombre, que llamaba *eventrum,* y la del cuerpo astral de las plantas, al que dió el nombre de *leffas.*

Asimismo trató profundamente de la levitación, que fué llamada por él *mangonaria* y muy especialmente de la clarividencia, que denominaba *nectromantia.* Creía en los duendes, fantasmas y en los presagios. Esto último ha perjudicado mucho a la fama de PARACELSO, pero quizá dentro de un porvenir no muy lejano sirva para admirarle como un visionario que se anticipó a las afirmaciones hechas por los modernos metapsiquistas, ante los sorprendentes fenómenos constatados por esos investigadores del Más Allá.

Su *Arxidoxo Mágico*, libro sobre amuletos y talismanes, es también muy interesante, ya que en él expone su conocimiento de la inmensa fuerza del magnetismo. Combinó metales bajo determinadas influencias planetarias, con el objeto de fabricar talismanes contra ciertas enfermedades, siendo el más eficaz de ellos el que denomina *Magnéticum Mágicum*. Este talismán se compone de siete metales (oro, plata, cobre, hierro, estaño, plomo y mercurio) y lleva grabados signos celestes y caracteres cabalísticos.

Consideraba, asimismo, que las piedras preciosas poseían propiedades ocultas para curar determinadas enfermedades. Las sortijas y medallas en las cuales se montaban dichas piedras tuvieron por nombre *ga-*

mathei. Cada uno de esos dijes poseía virtudes especiales. Una de sus piedras preferidas era la llamada *bezoar*, que no procede de las montañas ni de las minas, sino que se forma, en el estómago de ciertos animales herbívoros, por acreciones concéntricas de fosfatos de cal, que el estómago no pudo expulsar.

Sus opiniones respecto a las piedras preciosas fueron adoptadas por los miembros de la «Rosa ✝ Cruz», los cuales elaboraron las interpretaciones físicas y espirituales de los poderes misteriosos del diamante, del zafiro, de la amatista, del topacio, de la esmeralda y del ópalo.

MUERTE DE PARACELSO. Muchas leyendas se inventaron alrededor de su muerte. Unos decían que los médicos de Salzbourg habían contratado a un rufián para que le siguiese a todas partes, durante la noche, con objeto de precipitarle a un abismo; otros nos cuentan que le dieron a beber vino emponzoñado; pero gracias al testimonio del doctor Aberle, podemos hoy descartar esas viles suposiciones.

Lo cierto es que enfermó, y que día por día su mal fué progresando, como progresó paralelamente su fortaleza de espíritu ante el cercano fin.

Poco antes de morir se ocupaba aun en escribir sus meditaciones sobre la vida espiritual. Uno de los últimos fragmentos, que no pudo terminar, iba encabezado así : «Referente a la Santísima Trinidad, escrito en Salzbourg, durante la verbena de la Natividad de Nuestra Señora.» Dicho fragmento fué publicado por Toxites, en el año 1570. Junto con el original se hallaban varios pasajes escogidos y comentados de la Biblia, escritos en hojas sueltas.

Los rápidos progresos de la enfermedad le sorprendieron en tan apacible ocupación. La Muerte entraba silenciosa y furtivamente para extinguir la llama de su espíritu. Reconoció la pálida mano que la Intrusa le alargaba y se volvió hacia ella dulce y sosegadamente.

Le faltaba, sin embargo, realizar el último trabajo. Disponía de algunos bienes : sus libros, sus trajes, sus drogas, sus hierbas ; y era preciso distribuir todo aquello con equidad, y se veía imposibilitado de hacerlo legalmente en su laboratorio del Plætzl. Alquiló entonces una habitación en la Posada del Caballo Blanco, en la Kaygasse, bastante espaciosa para cuarto de un *enfermo* y a la vez despacho de sus negocios. Trasladóse allí el día 21 de septiembre, vigilia de San Mateo. El notario público Hans Kalbsohr y seis testigos se reunieron en torno de su lecho para escuchar y dar fe de sus últimas voluntades.

PARACELSO estaba sentado en su lecho. El primer artículo de su testamento dice textualmente :

«El muy sabio y honorable Maestro Teofrasto de Hohenheim, *doctor* en Ciencias y en Medicina, débil de cuerpo, sentado sobre un lecho de campaña, pero con *lúcido* espíritu, probo de corazón, cede su vida, su muerte, su alma, bajo la salvaguardia y protección del Todopoderoso. Su fe inquebrantable *espera* que el Eterno Misericordioso no permitirá que los amargos sufrimientos, el martirio y la muerte de su Unico Hijo, Nuestro Señor Jesucristo, sean estériles e impotentes para la salud de este su humilde siervo.»

Seguidamente dió las disposiciones para su entierro, y escogió la Iglesia de San Sebastián, más allá del puente. Allí debió ser transportado su cuerpo; quiso que le fueran entonados los salmos uno, siete y treinta. Entre cada uno de dichos salmos se repartiría dinero a los pobres que se hallasen ante la Iglesia.

La selección de los salmos es algo significativo; es la *confesión de su fe* y la convicción de que su vida no había de morir olvidada, antes bien, que debía pasar a la inmortalidad.

Tan sólo vivió tres días, después de la solemne escena descrita. Indudablemente expiró en la Posada del Caballo Blanco. La Muerte no le causaba horror. La Muerte, según él, era «el fin de su jornada laboriosa y la cosecha de Dios».

Su fallecimiento acaeció el día 24 de septiembre, día de San Ruperto, fiesta muy celebrada en Salzbourg, que aquel año cayó en sábado. El Príncipe Arzobispo ordenó que los funerales del gran médico se celebrasen con toda pompa. La ciudad se hallaba repleta de forasteros, gentes del campo y muchos extranjeros.

Cincuenta años después de su muerte, fué abierta su tumba; se sacaron los huesos para trasladarlos a otra sepultura mejor dispuesta, empotrada en uno de los muros de la Iglesia de San Sebastián.

El ejecutor testamentario de PARACELSO, Miguel Setznagel, hizo colocar una lápida de mármol rojo sobre la tumba, con una inscripción conmemorativa.

La inscripción, en latín, decía lo siguiente :

«Aquí yace Felipe Teofrasto de Hohenheim. Famoso doctor en Medicina que curó toda clase de heridas, la lepra, la gota, la hidropesía y otras varias enfermedades del cuerpo, con ciencia maravillosa. Murió el día 24 de septiembre del año 1541.»

BOTÁNICA OCULTA

EXORDIO

Para conocer a fondo el mundo de las plantas desde el punto de vista del Ocultismo, es absolutamente necesario estudiarlas en sus relaciones con el Macrocosmos (Universo) y con el Microcosmos (el Hombre), según las teorías de Paracelso, teorías que se hallan dispersas en las obras del famoso médico y alquimista, y que nosotros hemos reunido amorosamente, metodizándolas, además, hasta el punto de poder formar con ellas todo un cuerpo de doctrina, la cual hemos tratado de condensar en este pequeño volumen. No se nos escapa que nuestro modesto trabajo presenta varias lagunas y omisiones de cierta importancia y, por lo tanto, no podemos ni remotamente enorgullecernos de poder presentar a los estudiosos una *Botánica Oculta* muy extensa y mucho menos completa, pero estamos satisfechos, hasta cierto punto, naturalmente, por haber sentado las bases de una ciencia vacilante en sus orígenes, estancada durante siglos en su estado amorfo y, por último, en nuestros tiempos, completamente olvidada.

Nuestro estudio nos ha llevado a la concepción de una Botanogenia, de una Fisiología y de una Fisiognosia cuyas características se acercan más a la Ciencia Oculta que a la reconocida oficialmente.

La Botanogenia nos ilustrará respecto a los principios cosmogónicos, cuyos gérmenes en acción producen en la Naturaleza el reino que nos ocupa.

La Fisiología vegetal nos llevará al estudio de las fuerzas vitales que en su constante evolución constituyen su alimento y desarrollo.

Y, finalmente, la Fisiognosia vegetal, ciencia de las Signaturas o ciencia de las Correspondencias astrales, nos enseñará a conocer, por su aspecto exterior, las fuerzas secretas de cada una de las plantas.

El estudio de la Fisiognosia vegetal, además de ser uno de los aspectos más interesantes de la Ciencia Oculta, constituye un tema casi inédito en la literatura esotérica española.

Terminaremos este breve ensayo publicando al final de la obra un pequeño diccionario de botánica oculta, en el cual figurarán un determinado número de plantas y flores, indicándose sus propiedades curativas y sus *virtudes mágicas*. Al propio tiempo señalaremos, siempre que nos sean conocidas, sus signaturas astrales o sea la influencia astrológica a que están sometidas, cuyo conocimiento es de gran trascendencia para el estudiante de Ocultismo que esté algo preparado.

PRIMERA PARTE

EL REINO VEGETAL

Botanogenia

HABIENDO decidido no ocuparnos en este pequeño estudio más que de las teorías tradicionales correspondientes a la botánica oculta, daremos de lado los principios fundamentales de la botánica oficial y empezaremos por dar al lector aquellos conocimientos que tenemos por verdaderamente auténticos. Ante todo nos acogeremos a uno de los monumentos más antiguos que poseemos: el *Sepher Bereschit*, de Moisés, el cual nos ilustrará acerca de los iniciados de la raza roja y de la raza negra. En el primer capítulo, versículo segundo, se expresa en la siguiente forma :

«Prosiguiendo en la declaración de su voluntad dijo Él-Los-Dioses : La Tierra hará brotar una hierba vegetativa y germinando un germen innato, una substancia fructuosa llevará su propio fruto, según su especie, y poseerá en sí misma su poder germinativo ; y ello se hizo así.»

Esto coincide precisamente con el tercer día de la Creación, según el orden que a continuación se transcribe :

Fuego (Día 1.°) : Creación de la Luz.

Agua, Aire (Día 2.°) : Fermentación de las aguas y su división.

Tierra (Día 3.°) : Formación de la tierra ; su vegetabilidad.

Fuego (Día 4.°) : Formación del sol.

Agua, Aire (Día 5.°) : Fermentación de las aguas y del aire ; pájaros y peces.

Tierra (Día 6.°) : Fermentación de la tierra ; hombres y animales.

Considerando el «Génesis» en conjunto, el rabino iniciado nos enseñará que, desde el punto de vista cosmogónico, la figura de Isaac representa el reino vegetal. Su sacrificio (poco menos que consumado), su filiación, el nombre de sus padres y de sus hijos, los actos de su vida simbólica aportan todas las pruebas necesarias de este aserto.

Para no fatigar a nuestros lectores con un simbolismo demasiado arduo, nos abstendremos de todo detalle y entraremos de lleno a descifrar las teorías herméticas, cuyo estudio nos puede llevar a feliz resultado.

Teorías herméticas. Los filósofos herméticos concebían, en el origen primordial de las cosas, un *caos* en el cual las formas de todo el Universo estaban prefiguradas ; una matriz o materia cósmica y de otra parte, un *fuego generador* y en el que la acción recíproca constituía la mónada, piedra de vida o Mercurio : medio y fin de todas las fuerzas.

Este fuego es ardiente, seco, macho, puro, fuerte ; es el espíritu de Dios llevado sobre las Aguas, la Cabeza del dragón, el AZUFRE.

Este Caos es un agua espermática, cálida, hembra, húmeda, legamosa, impura ; el MERCURIO de los alquimistas.

La acción de estos dos principios, en el Cielo, constituye el *buen principio:* la luz, el calor, la generación de las cosas.

La acción de estos dos principios sobre la Tierra, constituye el *mal principio:* la obscuridad, el frío, la putrefacción o la muerte.

Sobre la Tierra, el fuego puro se convierte en el gran Limbo, el *yliáster*, el *mistérium mágnum*, de Paracelso ; esto es, una tierra vana y confusa, una luna, con agua mercurial, el *Tohu v'bohou* de Moisés. Finalmente, el agua pura y celeste pasa a ser una matriz, terrestre, fría y seca, pasiva : la SAL de los alquimistas.

Así vemos como todas las cosas, en la Naturaleza, pasan por tres edades. Su comenzar o nacimiento surge en la presencia de sus principios creadores. Este doble contacto produce una luz, después vienen las tinieblas y una materia confusa y mixta ; es la fermentación.

Esta fermentación termina con una descomposición general o putrefacción, después de la cual, las moléculas de la materia en acción empiezan a coordinarse según la sutilidad de la misma ; es la sublimación, es la vida que se manifiesta.

Por fin, llega el momento en que cesa este último trabajo : es la *tercera edad.* Se establece entonces la separación entre lo sutil y lo grosero; lo primero se eleva al cielo; lo segundo queda en la tierra; el resto permanece en las regiones aéreas. Es el último término, la muerte.

Hemos podido consignar el transcurso de las cuatro modalidades de la substancia universal llamadas Elementos; el fuego, la tierra y el agua nos han sido fácilmente reconocidos, y podemos coordinar ahora todas estas nociones estableciendo un cuadro de analogía que podemos leer mediante el triángulo pitagórico. Este procedimiento se observa en la India (sistema Sankya) y en la Kábala (Tarot y Sefiroth).

He aquí cuáles son los principios en acción en los tres mundos, según la terminología hermética:

En el primer mundo, El Espíritu de Dios, el Fuego increado fecunda el agua sutil, caótica que es la luz creada o el alma de los cuerpos.

En el segundo mundo, esa agua caótica, que es ígnea y contiene el azufre de vida, fecunda el agua intermedia, este vapor viscoso, húmedo grasiento, que es el espíritu de los cuerpos.

En el tercer mundo, ese espíritu que es el fuego elemental, fecunda el éter ígneo, que se llama aún agua espesa, lodo, tierra andrógina, primer sólido y mixto fecundado.

Cada criatura terrestre viene formada así por la acción de tres grandes series de fuerzas: las unas que provienen del cielo empíreo, las otras que llegan del cielo zodiacal, y las últimas del planeta al cual pertenece la respectiva criatura.

Del cielo empíreo vienen el *Anima Mundi*, el *Spíritus Mundi* y la *Materia Mundi*, vapor viscoso, semilla universal e increada.

Del cielo zodiacal vienen el azufre de vida, el mercurio intelectual o éter de vida y la sal de vida o agua-principio, semilla creada y materia segunda de los cuerpos.

Del planeta vienen el fuego elemental, el aire elemental (vehículo de vida) y el agua elemental (receptáculo de semillas y semilla innata de los cuerpos).

Advenimiento del reino vegetal. Para que el reino vegetal pueda manifestarse sobre un planeta, precisa, ante todo, que éste haya evolucionado hasta poder —después de haber cristalizado sus átomos en tierra sólida — producir aguas y una atmósfera, tal como viene indicado en el relato de Moisés. Entonces una ola de vida nueva desciende, que es el vehículo de la primera animación sobre el planeta; ella es, pues, el símbolo de la belleza, y es por esto que el reino vegetal corresponde a Venus y tiene por signo representativo la Espiral. He ahí por qué la filotaxia puede servirnos para medir el grado de fuerza vital de cada planta.

Esta vida vegetal resulta de la acción recíproca de la luz solar y de la avidez del azufre interior; ninguna planta puede crecer sin la fuerza del sol, que es atraída por el principio esencial de aquélla.

He ahí como el autor anónimo de la *Lumière d'Egypte* explica la evolución del mineral al vegetal:

«El hidrógeno y el oxígeno combinados en agua se polarizan y forman una substancia que es el polo opuesto de su estado inflamable primitivo.

»El calor del sol descompone de nuevo una porción infinitamente pequeña de las aguas, los átomos de dicha molécula de agua inician entonces un movimiento diferencial que es el de la espiral. En esta ascensión, atraen los átomos de ácido carbónico y a la vez son atraídos por ellos, de donde se deriva un tercer movimiento: una rotación precipitada. Ahí es donde se forma, con nuevas combinaciones, un germen de vida física. Bajo el impulso de un átomo central de fuego, siendo las fuerzas predominantes el oxígeno y el carbono, esta unión produce otro cambio de la polarización, en virtud de la cual esos átomos son atraídos hacia la tierra. El agua los recibe y de este modo se forma el primer césped vegetativo. Cuando estas primeras formas de vegetación mueren, los átomos emprenden de nuevo su marcha en espiral ascendente, se sienten atraídos por los átomos del aire y, por el mismo procedimiento de polarización, llegan a formar los líquenes y las plantas cada vez más perfectas.

La esencia espirituosa del sol—que ha penetrado hasta el centro de la tierra por la atracción de cada Mixto y por coagulación—, ha engendrado un fuego acuoso, y en su anhelo de volver a su origen ha quedado retenida al elevarse entre las matrices de las especies más diversas. Y teniendo cada una de estas matrices una virtud particular para su especie, en una se determina por una creación, en otra, por otra, engendrando siempre nuevas creaciones a su semejanza. Cuando esta esencia espirituosa se sutiliza lo suficiente penetra en la superficie de la tierra y activa el poder germinativo de las semillas.»

La misma teoría se halla expuesta de una manera más concisa en el tratado cabalístico titulado *Les Cinquante Portes de l'Intelligence*. La enumeración de las puertas de la Década de los Mixtos, viene interpretada como sigue:

1.° Aparición de los minerales por la disyunción de la tierra.

2.° Flores y jugos dispuestos para la generación de los metales.

3.° Mares, lagos, flores, secreciones entre los alvéolos.

4.° Producción de las hierbas y de los árboles.

5.° Fuerzas y semillas dadas a cada uno de ellos, etc.

Para terminar esta rápida exposición daremos a conocer la teoría de Jacobo Bœhme, con lo cual se descubre una perfecta identificación con las dos teorías anteriores.

Creados en el tercer día por el *Fiat* de Marte, que es la amargura, fuente del movimiento, los vegetales nacen del rayo de fuego en esa amargura. Cuando Dios hubo separado la matriz universal y su forma ígnea, y al querer manifestarse en el mundo exterior y sensible, el *Fiat* que salió del Padre, con su voluntad, dió virtud a la propiedad acuosa del azufre de la primera materia, y ya se sabe que el Agua, como elemento, es una matriz atractiva; llegamos, pues, a un perfecto acuerdo entre todas las teorías expuestas.

Antes de la Caída, los vegetales estaban unidos al elemento interior paradisíaco; con la Caída, la santidad huyó de la raíz y permaneció adherida a los elementos terrestres; sólo las flores, como se verá más adelante, representan el verdadero Paraíso.

CONSTITUCIÓN ESTÁTICA DE LA PLANTA. Antes de trazar un boceto de la fisiología vegetal, es conveniente anotar los principios en acción que existen en el reino que nos ocupa, de modo que nos sea dable conocer con simplicidad su complicado funcionamiento.

Si estudiamos los vegetales desde el punto de vista de su constitución, reconoceremos en ellos cinco principios :

1.° Una materia, formada por *Agua vegetativa.*

2.° Un alma, formada por *Aire sensitivo.*

3.° Una forma, compuesta de *Fuego concupiscible.*

4.° Una matriz, o *Tierra intelectiva.*

5.° Una esencia universal y primitiva, o *Mixto memorable,* formada por los cuatro elementos, que determina las cuatro fases del movimiento : la fermentación, la putrefacción, la formación y el crecimiento.

Si los estudiamos desde el punto de vista generativo, hallaremos siete fuerzas en acción :

1.ª Una materia o paciente, formada de luces y tinieblas, agua caótica y vegetativa ; he aquí las *Derses* de Paracelso, exhalación oculta de la tierra, en virtud de la cual crece la planta.

2.ª Una forma, principio activo o fuego.

3.ª Un vínculo entre los dos precedentes.

4.ª Un movimiento, resultado de la acción del agente sobre el paciente. Este movimiento, que se propaga por los cuatro elementos, determina las cuatro fases antes citadas a propósito del Mixto memorable.

Todo este trabajo, en su mayor parte preparatorio y oculto, viene a dar como resultados visibles:

5.ª El alma del vegetal, o semilla corporificada, el *clissus* de Paracelso, poder específico y fuerza vital.

6.ª El *espíritu* o *Mixto* organizado, el *leffas* de Paracelso, o cuerpo astral de la planta.

7.ª El cuerpo de la planta.

Para conseguir una idea lo más dilatada posible de estas dos clasificaciones, bastará estudiar las analogías que se desprenden del simbolismo en la mitología griega, que es asaz expresivo, y con lo cual daremos vasta materia a la meditación.

Fisiología vegetal

Anatomía. Nada más simple que la estructura de la planta. Las partes anatómicas se reducen a tres, y son ellas precisamente las que, individualizándose, vienen a formar todos los órganos.

1.° La masa general de la planta está formada por el tejido celular, que puede calificarse como órgano digestivo de la misma. (*Raíz:* individualización de los tejidos celulares ; intestino de la planta ; semilla ; *Embrión.*)

2.° Los intervalos entre las células ordinariamente hexagonales forman los tubos que se extienden por toda la planta y que conducen la savia por la cual la misma se nutre. Estos tubos o conductos intercelulares, son, pues, para las plantas, lo que los vasos sanguíneos y las venas son para los animales. (*Tallo:* individualización de las venas ; sistema sanguíneo de la planta ; cápsula : órgano hembra.)

3.° Se observan en el tejido celular de la mayor parte de las plantas, otros tubos que están formados por una fibra contorneada en espiral y que conduce el aire por toda la planta. Estos tubos, o vasos en espiral son, para las plantas, lo que las tráqueas son para los animales. Y así es como se los llama : tráqueas de las plantas (*Hojas:* individualización de las tráqueas, pulmones de la planta).

De este primer bosquejo, vamos a pasar

al de las relaciones que existen en el funcionamiento entre los citados órganos.

El desenvolvimiento embrionario de la planta comprende las siguientes fases :

1.° Localización de la semilla en una matriz propicia : tierra húmeda.

2.° Las tres partes del germen empiezan a vegetar nutriéndose de los cotiledones.

3.° La raíz empieza a absorber las substancias nutritivas de la tierra. La planta se individualiza en sus funciones respiratorias y digestivas. En resumen : ha nacido.

He aquí cómo el doctor Encause resume la fisiología vegetal :

1.° *La Raíz:* hundiéndose en la *Tierra:* estómago de la planta ; va en busca de la materia alimenticia.

2.° *Las Hojas:* buscando vida en el *Aire* libre o dentro del *Agua: Pulmones* de la planta.

Buscan también la luz y los gases necesarios a la renovación de la *fuerza* que debe aportar virtudes a la materia interior de los tejidos.

Dicha fuerza se desarrolla por medio de la *clorofila* (sangre verde), canales de interposición.

3.° *El tallo: Aparato circulatorio,* los vasos del cual contienen : 1.° La *savia ascendente* parecida al quilo (substancia blanca, lo más sutil de los alimentos). 2.° El *aire* absorbido por las hojas. 3.° El resultado de la acción del aire sobre la savia nutritiva, o sea la *savia ascendente.*

4.° *Las Flores:* Resultado de la fuerza superflua ; lugar de los aparatos de reproducción.

Vamos ahora a estudiar estas funciones más detalladamente ; de su conocimiento depende en efecto todo el arte de la farmacopea hermética, como podrá apreciarse en la segunda parte de nuestro estudio.

El grano o semilla se compone :

1.° Del *germen,* formado a su vez por : la pequeña raíz (futuros órganos abdominales) ; el brote o vástago (futuros órganos respiratorios) ; el pequeño tallo (futuros órganos circulatorios, centro general de evolución). Todo ello análogo a los tres desenvolvimientos del embrión humano.

2.° De los *cotiledones:* Materiales destinados a la nutrición del germen. (Órganos análogos a la *placenta.*)

Cada grano, conteniendo en sí el árbol en todo su poder de crecimiento, encierra un *Mistérium Mágnum;* por consecuencia, hallaremos en el desenvolvimiento del grano o semilla, la imagen invertida de la creación del mundo.

El árbol empieza a manifestarse desde que el grano ha sido hundido en su matriz natural, la tierra.

No obstante, la tierra por sí sola no es más que una matriz pasiva ; no puede, pues, desarrollar la chispa vital, o iluminar el *Ens* de la semilla a fin de que los tres principios *Sal*, *Azufre* y *Mercurio* se manifiesten en ella.

La luz y el calor del sol son necesarios para que esto suceda ; únicamente por medio de ellos se animará el fuego frío subterráneo. Entonces el grano, llevado por la fuerza de este desenvolvimiento, pasa por su ulterior evolución.

En el capítulo siguiente, al hablar del cultivo, examinaremos lo que sucede cuando la matriz no corresponde al grano que se le confía.

Crecimiento del grano. Llevamos ya comprobados, pues, tres *Ens*, tres dinamismos en reacción mutua, comprendiendo cada uno su trinidad de principios, *Sal*, *Azufre* y *Mercurio:* el *Ens* de la tierra, el *Ens* del grano y el *Ens* del sol. El primero y el último *Ens* solicitan, por efecto de una atracción magnética, el desenvolvimiento del germen en dos sentidos opuestos ; de donde resultan la raíz y el tallo, que ejercerán, como es sabido, en la vida de la planta, oficios de contraria analogía.

De la armonía resultante de estos tres *Ens*, depende el perfecto estado del tallo (liso, verdoso, o nudoso y negro) y de las raíces (múltiples y robustas o secas y delgadas).

CRECIMIENTO DE LA RAÍZ. Sabido es que, desde el punto de vista de los tres principios la vida y la sensibilidad (magnética) residen en el *Mercurio*. El *Mercurio* subterráneo de los minerales, casi siempre venenoso y cargado de impurezas, se halla literalmente en el infierno, es decir, que no halla para su propia actividad otro alimento ni otro objeto que él mismo.

Por consiguiente, desde que una vibración solar llega a él, se la hace suya, absorbe totalmente dentro de su cuerpo la

Sal y el *Azufre*, ambos íntimamente unidos a su esencia.

Entonces la tierra se abre; sus átomos obtienen una libertad relativa; y el cuerpo plástico, la *Sal*, que permanecía en un entorpecimiento saturniano, se hace susceptible de atracción y se ve, en efecto, atraído, en sus elementos homogéneos, por el *Ens* del germen.

CRECIMIENTO DEL TALLO. Generalmente, el tallo, en su bajo extremo, es blanco; hacia la mitad es obscuro y en su alta extremidad es verde.

El blanco indica la tendencia hacia la expansión súbitamente libertada de las potencias constrictivas de la raíz; el color obscuro significa una expresión saturniana, resultado de la maldición divina; la corteza es la parte del vegetal que se halla en el limbo.

Porque si el Gran Misterio está representado también en los árboles, el reino vegetal ha sido alcanzado, como toda la Creación por el pecado de Adán; pero en la belleza de las flores y en la dulce madurez de los frutos, se descubre aun más que en otras criaturas, los esplendores del Paraíso.

Finalmente, el color verde es el signo de la vida mercurial serpenteando en el *Júpiter* y en la *Venus* de las frondas.

El Árbol. Sin duda alguna es el árbol el tipo más perfecto de todos los seres vegetales ; en él hallamos las influencias de las estrellas, de los elementos, del *Spiritus Mundi* y del *Mistérium Mágnum*, que es por sí mismo Fuego y Luz, Odio y Amor, como Verbo pronunciado por el Padre Eterno.

Producción de los nudos. El arbusto crece debido a la emulación mutua de los dos *Ens*, del sol exterior y del sol interior, que cumple su misión hasta el fin natural, que es la producción de un líquido dulce que proporciona la flor, los elementos de su forma elegante y de sus bellos colores.

Sabido es que las siete formas de la Naturaleza exterior ejercen sobre la planta con el siguiente orden : *Júpiter*, *Venus* y la *Luna* cooperan de un modo natural a la acción expansiva de su sol interior ; pero *Marte* exagera dicha expansión, ya que éste no es otra cosa que el espíritu ígneo del *Azufre*, la vida mercurial se arremolina ante él y *Saturno* llega a la congelación y a la corporización de este torbellino; y así se producen los nudos.

Producción de las ramas. Las ramas son el resultado de la batalla librada por las fuerzas naturales en pleno movimiento cuando desean conservar la comunicación con el sol exterior. Son, como si dijéramos, las gesticulaciones de la planta que se siente oprimida, y que quiere vivir en libertad y por su voluntad propia. Del mismo modo que la fuerza vital, en el hombre, hace salir los venenos interiores bajo la forma de forúnculos, así el calor vital del Árbol, le obliga a sacar brotes y ramificaciones, sobre todo cuando el llamamiento del *Ens* exterior es el más poderoso, como sucede en la primavera.

Dicho en otros términos, el deseo de la vida mercurial o la *Sal*, encerrada por *Saturno*, lucha desesperadamente, se calienta, y se convierte en *Azufre;* este *Azufre* da un nuevo impulso a su hijo, el *Mercurio;* éste muestra tendencia a expansionarse; y *Venus* da la substancia plástica de los brotes y de las ramas.

La Flor. El *Sol* domina poco a poco los excesos de *Marte;* la planta va disminuyendo en amargor ; *Júpiter* y *Venus* agotan su actividad y se funden en la matriz de la *Luna;* los dos *Ens* se unen, de suerte que el *Sol* interior, la fuerza vital de la planta recobra su estado primitivo, pasa al estado de *Azufre*, y reintegra el régimen de la libertad divina.

El Paraíso de la Planta. En este mismo régimen, las siete formas se entrecruzan interiormente y hacia arriba, y entran en juego con perfecta armonía. La imagen de la Eternidad se forma en el tiempo ; el *Azufre* de la planta vuelve a pasar al estado latente y la *Sal* se transmuta ; el reino del Hijo se inaugura con una alegría paradisíaca, que se exhala con el perfume ; del mismo modo que del cuerpo de los santos se desprende un olor exquisito ; es lo que Paracelso llama la *Tintura.*

El Grano. Pero a causa del pecado de Adán, este paraíso cesa muy pronto y vuelve a entrar en la obscuridd del grano o semilla, donde los dos soles vienen a ocultarse.

El Fruto. Es el espíritu escondido de los elementos que operan durante la fructificación.

Los frutos tienen una cualidad buena y otra de mala que heredaron de Lucifer. No se hallan, pues, enteramente bajo el régimen de la Cólera, porque el Verbo único, que es en todo y por todo inmortal e imputrefactible hasta dentro de la putrefacción subterránea de la semilla, reverdece en ellos; es que el Verbo resiste la tierra y la tierra no ha recogido el Verbo.

Debido a este proceso podemos admirar el triunfo del régimen del Amor en la planta, es decir, llegamos a su floración.

El *Ens*, una vez se ha manifestado, corre a su sitio y aglomera en él inmediatamente una gran cantidad de elementos plásticos; mejor dicho *Lunas* que el calor del *Sol* externo transforma en *Venus;* de este modo la pulpa o carne del fruto se desarrolla alrededor de un centro que es el hijo del *Sol* interno.

Los siete planetas se encuentran nuevamente en el fruto, y son los que determinan su sabor y su aroma, esperando que *Saturno* venga a hacerle caer sobre la tierra de donde se levantó un día.

MADUREZ. La calificación dada a los frutos, de *maduros*, para significar su punto álgido de perfección, el período en que su jugo se vuelve azucarado, está mal expresada con ese nombre, que indica, al contrario, su estado de agonía.

La madurez es el resultado de una especie de vértigo que el *Sol* ocasiona al principio paternal del *Azufre* y que lo precipita desde la vida eterna hacia la vida temporal. De todo ello podremos entresacar ahora las indicaciones necesarias para hacer el correspondiente estudio sobre el sentido de los variados sabores que tienen los frutos.

Resumen. Hemos hecho este rápido bosquejo *sirviéndonos intencionadamente* de todas las nomenclaturas. Vamos ahora a continuarlo llenando unas pocas líneas dedicadas a lo mismo, pero empleando para ellas la teoría budista naturalista o jónica siguiente :

Puede considerarse el mundo, creado como resultado de las interacciones de tres fuerzas distintas : la expansión, luz, o dulzura (el Abel de Moisés) ; la contracción, obscuridad o aspereza (Caín) y la rotación, angustia o amargura (Seth). Estas tres fuerzas las hallaremos también en el reino vegetal.

Supongamos al germen introducido en la tierra. La dulzura huye de la obscuridad y de la angustia que la persiguen ; de ahí el crecimiento de la planta.

Con el calor del sol, la lucha de las tres fuerzas se hace más encarnizada ; la contracción y la rotación se exaltan doblemente, provocando la expansión ; de ahí la corteza, los nudos raros y rugosos de árboles y plantas.

Pero la expansión, así que sus adversarios descansan en su ataque, o la dejan un momento libre, se extiende con avidez hacia todas partes, y entonces es cuando salen las ramas, se inicia el color verde de los brotes y la planta se abandona a las fuerzas vivificantes del sol que la llevan hasta el capullo y la flor, que es su perfección.

De los diversos órganos, la contracción hace un todo homogéneo y la angustia las divide en partes, las cuales cooperan conjuntamente, ya que, procedentes de abajo, se ven obligadas a obedecer la fuerza solar que les llega de arriba ; de este modo se forma el fruto que va desarrollándose hasta que la energía expansiva se ha dispendiado totalmente ; momento en el cual el fruto se halla dispuesto a caer para dar expansión y nacimiento a un nuevo *circulus* vital.

El od de la planta. Desde el descubrimiento de Reichenbach, se da por seguro que en la Naturaleza toda cosa desprende una especie de exhalación invisible en las condiciones ordinarias, pero visible para los sensitivos. Esta radiación varía en color, en intensidad y en calidad.

La parte extrema superior de las plantas es siempre positiva y la parte baja o inferior, negativa, sea el que sea el fragmento de planta presentado a examen del sensitivo.

Los frutos son positivos y los tubérculos negativos.

El lado de la flor, de cualquier fruto, es positivo ; el lado del pedúnculo es negativo.

Estas observaciones han sido utilizadas hasta la actualidad por los sucesores del conde Mattéi para las prácticas de la Electrohomeopatía ; pero yo, particularmente, no puedo llegar a creer que esa polarización sea de una gran profundidad.

El alma de la planta. Tomamos de un libro, muy notable por cierto, original de E. Boscowitz, los testimonios de algunos sabios que atribuyen a la planta una vida y una sensibilidad parecidas a las de las personas. Sin hacer mención de las doctrinas brahmánicas, budistas, taöistas, egipcias, platonianas o pitagorianas, todas ellas más o menos profundamente penetradas del espíritu de los vegetales, habremos de recordar que filósofos como Demócrito, Anaxágoras y Empédocles, han sostenido dicha tesis. En época más reciente, Percival pretende que los movimientos de las raíces son voluntarios ; Vrolik, Hedwig, Bonnet, Ludwig. F. Ed. Smith afirman que la planta es susceptible de sensaciones diversas hasta el punto de asegurar que es capaz de conocer la felicidad ; Erasmo Darwin, en su *Jardín Botánico* dice que la planta tiene alma ; todas las obras de Von Martius intentan demostrar lo mismo, y, finalmente, Teodoro Fechner ha escrito un libro titulado *Nanna oder Uber das Seelenleben der Pflanzen* en el cual se prueba o se quiere probar todo lo antedicho.

He ahí los caracteres de analogía que presentan las plantas con relación a los seres dotados de personalidad :

La respiración se efectúa en ellas por medio de las tráqueas de Malpighi, formadas de una cinta celular arrollada en espiral y dotadas de contracción y de expansión.

El aire es indispensable a su vida (según experimentos de Calandrini, Duhamel y Papin); y ejerce sobre la savia una acción análoga a la ejercida sobre nuestra sangre (Bertholon).

El lado inferior de las hojas está lleno de pequeñas bocas estomáticas, órganos de dicha respiración. (Experimentos de Ingenhous, de Hales, Teodoro de Saussure, de Mohl y Garreau.)

Reciben, apropiándoselo, el oxígeno del aire, y exhalan en cambio el ácido carbónico (Garreau y Hugo von Mohl, Sachs).

Se nutren del carbono, que extraen del ácido carbónico, y por consiguiente, exhalan durante el día una gran cantidad de oxígeno.

Sus raíces les sirven de estómago, así como las hojas; la savia es análoga al quilo.

La nutrición de las plantas es una función tan activa, que Bradley ha calculado que una encina, en el término de cien años, absorbe 280.000 Kg. de alimentos.

Si la circulación de la savia no es aun un hecho probado de un modo categórico, se sabe cuando menos que las plantas tienen la cualidad de la transpiración, y ésta con fuerza extraordinaria.

Además, ¿cómo nos explicamos los movimientos de las plantas en busca de luz, del sol, de los elementos de nutrición, de un terreno propicio a su vida, que a cada paso observamos?

¿Cómo nos explicamos su potencia amorosa, el calor, la electricidad que desprenden en el instante de su fecundación?

¿De dónde vienen, finalmente, las propiedades maravillosas de la flor de resurrección y de la Rosa de Jericó?

El iniciado ha podido comprobar todos estos fenómenos y admirar una vez más la sabiduría de sus predecesores, así como la penetrante intuición del pueblo que ha dado a cada árbol su Hamadríada, a cada flor su hada, a cada hierba su genio. Las observaciones científicas, de las cuales acabamos de hacer un ligero resumen, ¿no nos enseñan magníficamente y con toda claridad, los movimientos sombríos del alma de los elementales que se esfuerza hacia la conciencia?

PLANTAS Y ANIMALES. Bonnet, de Ginebra, hombre de mucho ingenio, consagra la décima parte de la totalidad de sus obras a la comparación paralelística de las plantas y de los animales; expresando de la manera siguiente el resultado de sus numerosos experimentos comparativos:

«La Naturaleza desciende gradualmente del hombre al pulpo, del pulpo a la sensitiva, de la sensitiva a la trufa. Las especies superiores muestran siempre algo del carácter de las especies inferiores; y éstas algo de las especies más inferiores aun. La materia *organizada* ha recibido un número casi infinito de modificaciones diversas y todas están íntimamente ligadas en gradación como los colores del prisma. Marcamos puntos sobre las imágenes, trazamos luego las líneas, y a esta tarea la llamamos clasificar y señalar géneros. De este modo, no nos apercibimos más que de los tonos dominantes, pero los matices más delicados escapan a nuestra observación.

»Las plantas y los animales no son, pues,

otra cosa que modificaciones de la materia organizada. Todos participan de una misma esencia y el atributo distintivo nos es desconocido.»

La planta vegeta, se nutre, crece y se multiplica; pero los granos vegetales son muchos más numerosos que los huevos o los óvulos fecundados en los animales, salvo en las especies inferiores.

Por lo mismo, un individuo produce muchos más vástagos en el primer reino que fetos en el segundo.

El alimento es absorbido en unos por las superficies porosas, en otros por una sola boca; la absorción por las raíces exteriores es incesante; en los animales desarrollados se hace por intervalos y por raíces interiores (vasos quilíferos).

La mayoría de las plantas es hermafrodita.

Finalmente, las plantas son inmóviles, aparte del movimiento de las hojas y de algunas flores hacia el sol; los animales son móviles.

Conclusión general. —De este rápido estudio resulta que el movimiento general de la vida terrestre, por lo que se refiere a dichos tres reinos inferiores, aparece como el esfuerzo gigantesco de un Poder organizado (la Naturaleza física) hacia el libre albedrío, pasando de la inmovilidad característica del reino mineral, por la individualización (vegetales), hasta el movimiento espontáneo (animales).

Esto es lo que expresan de una manera clara los cuatro esquemas siguientes, los cuales permiten considerar cada reino como un medio en el que los átomos se hallan en una fase particular del movimiento: primeramente en estado de reposo o pasivo, después en estado de equilibrio, más tarde en estado de torbellino y, finalmente, en estado de resolución.

El quinto, el sexto y el séptimo estado representan los reinos (para nosotros espirituales) superiores a la evolución actual del género humano.

MINERALES (TIERRA)

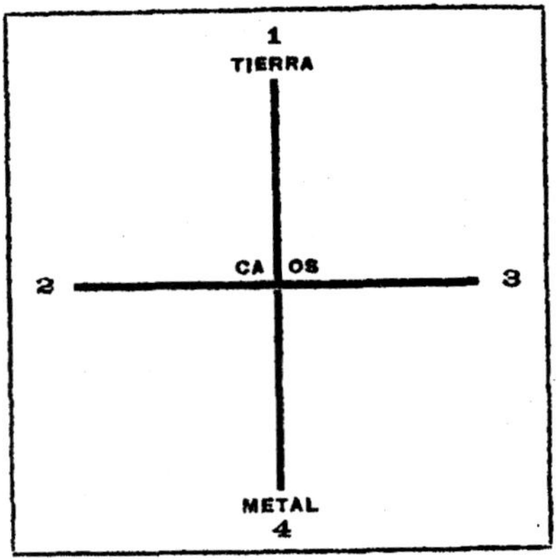

VEGETALES (AGUA)

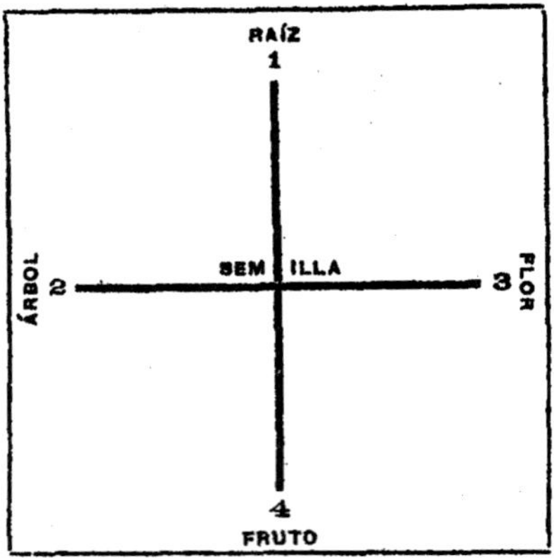

ANIMALES (AIRE)

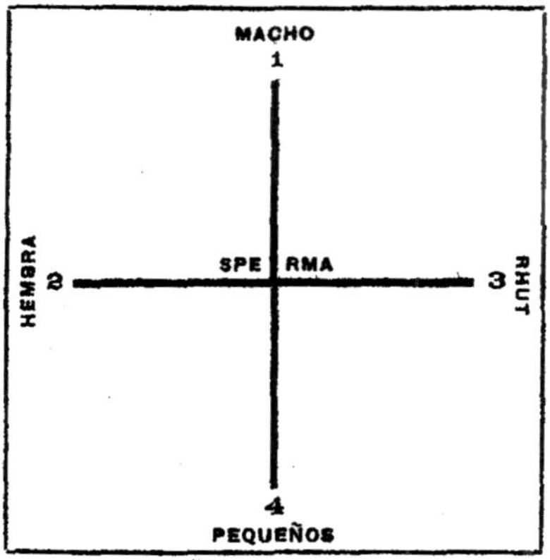

HOMBRES (FUEGO)

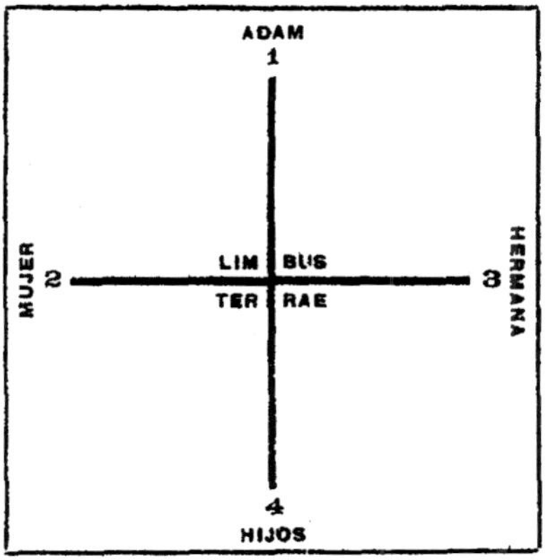

Fisiognosia vegetal

Cada planta es una estrella terrestre. Sus propiedades celestes se hallan inscritas sobre los colores de los pétalos, y sus propiedades terrestres en la forma de las hojas; toda la Magia está contenida en ellas, ya que las plantas representan en su conjunto todas las potencias de los astros.

Existen tres claves distintas que pueden emplearse para conocer, por medio de sus propiedades exteriores, las virtudes interiores de una planta: la clave binaria, la clave cuaternaria (de los elementos, o zodiacal) y la clave septenaria o planetaria.

CLAVE BINARIA. He aquí, según Saint-Martin, la teoría con dos ejemplos de aplicación práctica (*Esprit des choses*, tomo I):

«En cada cosa, ya sea material o inmaterial, hay una fuerza impulsiva que es el principio de donde esta cosa recibe su existencia.

»Pero esta fuerza impulsiva universal que observamos en la Naturaleza no tendría lugar si una fuerza compresiva en oposición no la dominase también, para aumentar la intensidad; es ella la que, empujándola, opera al mismo tiempo desarrollo y la aparencia de todas las propiedades y de todas las formas engendradas por el ímpetu de la fuerza impulsiva.

»La vegetación, sobre todo, nos ofrece bien distintamente estas dos leyes en todas sus diversas especies y categorías. En el hueso de una fruta, la resistencia predomina sobre la fuerza; vémosle permancer en la más completa inacción; cuando el hueso se ha sembrado y ha quedado restablecida la vegetación, ésta tiene lugar porque la fuerza lucha con la resistencia hasta equilibrarse con ella. Cuando el fruto aparece, es que la fuerza ha podido más que la resistencia y que ha llegado a vencer todos los obstáculos; sin embargo, este fruto no se nos ofrece más que como unión de una fuerza y una resistencia, en su composición, en sus propiedades substanciales y en su cubierta exterior que las contiene, las unifica, las conserva y las corrobora, según esa ley universal de las cosas.

»Ante este cuadro, nos es dable observar cuántas heridas ha sufrido la Naturaleza primitiva y eterna, que hemos reconocido siempre como la verdadera herencia de la humanidad.» — SAINT-MARTIN.

«El objeto de la vegetación, prosigue dicho autor en la misma obra, es transmitirnos los destellos de belleza, de color y de perfección que nacen en las regiones superiores y que tienden a introducirse en nuestra región inferior.

»Cada grano de semilla es un pequeño caos.

»Todo en la Naturaleza se compone de una acción divisora: la fuerza, y de una acción divisible: la resistencia.

»Cuando la segunda se halla privada de la primera, se produce el agua; cuando operan ambas, se produce el fuego.

»Al mismo tiempo que la unión del fuego y del agua se manifiesta por el color verde de las hojas, la putrefacción que se localiza en las raíces y la sublimación en los colores vivos de las flores y los frutos.

»Los granos constituyen la prisión de las potencias superiores y trazan con cierta analogía la historia de la caída y el mito de Saturno devorando a sus hijos.

»Así podemos decir que la generación es un combate cuyas fases se muestran por la signatura, y que no existe un sólo ser que no manifieste, por su forma exterior, la historia de su propio nacimiento.

»La almendra del roble, por ejemplo, con gusto áspero y austero, encerrada en su bellota, indica que ese árbol ha debido pasar por un violentísimo esfuerzo por parte de la resistencia, esfuerzo que tendía a aniquilarla seguramente.

»Si a semejanza de este ejemplo, nos ponemos a considerar ahora la hoja de la vid, la pepita de la uva y las propiedades del vino, pronto hallaremos que en la pepita, el agua ha sido extremadamente concentrada por la resistencia, lo que es causa de su desarrollo tan abundante en los pámpanos ;

»Que con esta expansión del agua, la hoja de la vid indica, por su forma, que el motivo de ser tan abundante es por haber estado separada de su fuego y que sus factores han sido binarios, como sucede en infinidad de plantas de otras clases ;

»Que, por consiguiente, el fuego ha estado también muy separado del agua, lo que demuestran las ramas de la cepa, donde las hojas y el pedículo del racimo alternan conjuntamente, pero siempre por el lado opuesto;

»Que, según su ley, este fuego se eleva siempre a más altura que el agua, lo que se conoce por el pedículo del racimo que sube siempre mucho más que su hoja correspondiente;

»Que asimismo este fuego se halla muy cercano de la vida primitiva, tanto, que puede decirse que son una misma cosa, lo que motiva que el grano de uva tome una forma esférica tan regular, que parece haya sido hinchada por sus estambres y su pistilo, el círculo completo de las virtualidades astrales, cuyo número abraza toda la circunferencia y establece el equilibrio entre la resistencia y la fuerza;

»Que por esta razón el grano de la uva es tan sano y saludable para el cuerpo, cuando se come con moderación.

»Que, *no obstante, a causa de la fuente* bifurcada o binaria de la cual deriva, llega a producir las más graves perturbaciones cuando se abusa de su zumo o se come de él con exceso.

»Que por lo que se refiere a estos excesos, se ha observado que son de un género muy particular: 1.° Llegan a menudo a provocar disputas, y hasta a hacer perder la razón, siendo causa de luchas y de crímenes. 2.° Llevan también a la lujuria, que viene determinada en varias formas por la pepita correspondiente. 8.° La borrachera que produce, excitando a la lujuria es, no obstante, de todo ello, más bien favorable que funesta a la procreación.

CLASIFICACIÓN DE LOS ELEMENTOS. Sabido es que cada uno de los cuatro elementos y además la quintaesencia, corresponden a cada uno de nuestros cinco sentidos; es decir, que cada una de estas cinco formas de movimiento nos revela las cualidades de los objetos por medio de la vibración de uno de nuestros centros nerviosos o sensitivos:

La Tierra corresponde al olfato (olor).

El Agua corresponde al gusto (sabor).

El Fuego corresponde a la vista (forma).

El Aire corresponde al tacto (volumen).

La Quintaesencia corresponde al oído (espíritu).

De donde procede la composición del cuadro distributivo de la página siguiente:

CUADRO I

	Perfume de las Flores	Sabor de los Frutos	Color Plantas o Flores	Forma Plantas o Flores	Volumen Plantas o Flores
Plantas de Tierra	Suave	Azucarado	Amarillo	Abultada	Pequeño
Plantas de Agua	Nulo	Ácido	Verdoso	Enredadera	Tallo pequeño Frutos grandes
Plantas de Fuego	Penetrante	Picante	Encarnado	Retorcida	Mediano
Plantas de Aire	Desagradable	Áspero	Azulado	Delgada	Muy alto

Este cuadro no comprende sino los tipos simples, que son pura y exclusivamente teóricos; en realidad hay que combinar los unos con los otros, esos cuatro elementos, para obtener el cuadro número 2 de los signos zodiacales, que nos podrá indicar el carácter general de una planta.

CUADRO II

	Fuego	**Tierra**	**Aire**	**Agua**
Agua	**Fuego**	2 Tauro	3 Géminis	4 Cáncer
Tierra	1 Aries	**Tierra**	7 Libra	8 Escorpio
Aire	5 Leo	6 Virgo	**Aire**	12 Piscis
Agua	9 Sagitario	10 Capricornio	11 Acuario	**Agua**

Ahora, si deseamos conocer *a priori* las cualidades de una planta bajo el signo de *Aries*, por ejemplo, fijándonos en este segundo cuadro veremos que *Aries* es un *fuego* (columna vertical) de *tierra* (columna horizontal); las cualidades de esa planta serán, pues, según el primer cuadro, un perfume penetrante; un sabor picante; las flores serán encarnadas y la planta será de tallo mediano.

Creemos que este ejemplo bastará para el perfecto conocimiento de dicho método.

He ahí, además, resumidas por varios autores, las influencias de cada uno de los signos zodiacales en la vida de las plantas y sus cualidades; manera de ilustrarnos prácticamente en la materia.

Las plantas que se hallan bajo el signo de *Aries* son cálidas y secas; el elemento FUEGO domina en ellas; finalmente, su forma ofrece semejanzas más o menos lejanas con la cabeza y sus partes secundarias: los ojos, la nariz, la lengua, los dientes, la barba; tienen flores amarillas, de acre sabor, las hojas y el tallo son débiles, de dos pétalos. Perfume: la mirra.

Las plantas bajo el signo de *Tauro*, son frías y secas; el elemento TIERRA domina en ellas; su gusto será, por consiguiente, agrio, de suave olor, tienen el tallo muy alto, elevan efluvios aromáticos, se enfrían fácilmente, producen abundancia de frutos. Algunas de ellas tienen la forma de una garganta ; plantas cuyas flores son andróginas. Perfume parecido al del costo, la hierba aromática.

Las plantas bajo el signo de *Géminis son* calientes y ligeramente húmedas ; su elemento *es el* AIRE ; *plantas* cuyas flores son blancas o muy pálidas ; de hoja extraordinariamente verde, de sabor dulce, lechosas casi siempre ; presentan cierta relación de forma con la espalda, el brazo, las manos, los pechos ; hojas, de siete puntas. Perfume : almáciga.

Las plantas bajo el signo de *Cáncer* son frías y húmedas ; el AGUA domina en ellas ; son insípidas, viven en terreno pantanoso, producen flores blancas o de color de ceniza ; sus hojas tienen forma de pulmones, de hígado o de bazo ; muestran manchas y cinco pétalos. Perfume : alcanfor.

Las plantas bajo el signo de *Leo* son cálidas y *secas* ; dominadas por el elemento FUEGO ; sacan flores encarnadas, de sabor muy acre, casi amargo ; su fruto tiene la forma de estómago o de corazón ; son crucíferas. Perfume : incienso.

Las plantas bajo el signo de *Virgo* son frías, secas, y están dominadas por la TIERRA; plantas enredaderas, con tejidos duros, pero que se rompen con facilidad; sus hojas y sus raíces presentan semejanza con el abdomen o con los intestinos. Sus flores acostumbran a salir con cinco pétalos. Perfume: sándalo blanco.

Las plantas bajo el signo de *Libra* son calientes, húmedas y aéreas; sus flores son raras, sus tallos, altos y flexibles; sus frutos o sus hojas recuerdan la forma de los riñones, del ombligo, de la vejiga; su sabor es dulce; crecen preferentemente en los terrenos pétreos. Perfume: el gálbano.

Las plantas bajo el signo de *Escorpio*, son calientes, húmedas. Tienen a menudo un gusto insípido; a veces, son acuosas, lechosas, de olor fétido; su forma es la de los órganos sexuales del hombre. Perfume: coral rojo.

Las plantas bajo el signo de *Sagitario*, son calientes y secas; están dominadas por el elemento FUEGO; son amargas y, su forma, parecida a determinadas partes de la región anal. Perfume: áloe.

Las plantas bajo el signo de *Capricornio*

son frías y secas ; el elemento TIERRA domina en ellas ; sus flores son verdosas ; su jugo es tóxico y se coagula. Perfume : nardo.

Las plantas bajo el signo de *Acuario* son ligeramente cálidas y húmedas ; están dominadas por el AIRE ; acostumbran a ser aromáticas ; tienen forma de piernas. Perfume : euforbio.

Las plantas bajo el signo de *Piscis* son frías y húmedas ; domina en ellas el elemento AGUA ; su sabor es casi nulo ; su forma, la de los dedos, crecen a menudo en sitios frescos y umbríos, cerca de los lagos y pantanos. Perfume : tomillo.

CLASIFICACIÓN SEPTENARIA O PLANETARIA. He aquí circunscritas en pocas palabras las bases de clasificación :

Saturno : Astringente, concentrador.

Júpiter : Resplandeciente, majestuoso.

Marte : Cólera, espinas.

Sol : Belleza, nobleza y armonía.

Venus : Belleza y suavidad.

Mercurio : Indeterminada.

Luna : Extrañeza, melancolía.

Y desarrollando estos caracteres, tendremos el siguiente resultado :

CUADRO III

Saturno	Grande y triste	Flores negras, grises	Olor desagradable	Frutos ácidos, venenosos
Júpiter	Grande, frondoso	Flores blancas, azules	Inodoro	Ligeramente ácidos
Marte	Pequeño, espinoso	Rojas, pequeñas	Olor picante	Venenosos
Sol	Mediano	Flores amarillas	Muy aromático	Agridulces
Venus	Pequeño, florido	Bellas, alegres	Fino, exquisito	Azucarados
Mercurio	Mediano, sinuoso	Pequeñas colores varios	Olor penetrante	Sabores varios
Luna	Caprichoso	Flores blancas	Olor suavísimo	Insípidos

El *sabor* es producido por la *sal* de la tierra donde crece la planta; él indica el ideal de la planta y la vía que ha de seguir para extraer el bálsamo.

Las hojas y el tallo indican el planeta que domina a las plantas.

En todo vegetal, la raíz corresponde al planeta Saturno.

La semilla y la corteza, a Mercurio.

La madera, el tronco fuerte, a Marte.

Las hojas, a la Luna.

Las flores, a Venus.

El fruto, a Júpiter.

LAS SIGNATURAS PLANETARIAS. Las plantas influenciadas por *Saturno* son pesadas, glutinosas, astringentes, de amargo sabor, acre o ácido, producen frutos sin flor, se reproducen sin simiente, son ásperas, negruzcas; su olor es penetrante, su forma rara, su sombra siniestra; son resinosas, narcóticas, crecen muy lentamente; se consagran a ceremonias fúnebres y se emplean en operaciones de magia negra.

Las plantas que reciben la influencia de *Júpiter*, tienen un sabor dulce, suave, sutil, débilmente acidulado; todos los vegetales de esta clase sacan fruto, aunque algunos no muestran la flor; muchos ofrecen fruto abundante y de aspecto esplendoroso.

Las plantas influenciadas por *Marte* son ácidas, amargas, acres y picantes; resultan venosas por exceso de calor; son también espinosas, producen comezón al tocarlas o hacen daño a los ojos.

Las plantas del *Sol* son aromáticas, de un sabor bastante acidulado; resultan admirables contravenenos; hay algunas de ellas que permanecen siempre verdes; tienen la virtud de la adivinación y se aconsejan contra los malos espíritus; se mueven hacia el sol o muestran la figura de éste en sus hojas, sus flores o sus frutos.

Las plantas influenciadas por *Venus* son de sabor dulce, agradables y untuosas; producen flores, pero sin sacar fruto; tienen abundancia de granos y son generalmente afrodisíacas; su perfume es casi siempre suave. Se utilizan en las prácticas de magia sexual.

Las plantas que están bajo la influencia del planeta *Mercurio* tienen un sabor mixto; producen flores y hojas, pero no frutos; las flores son pequeñas y de colores variados.

Las plantas influenciadas por la *Luna* son insípidas, viven cerca del agua o dentro del agua ; son frías, lechosas, narcóticas, antiafrodisíacas ; sus hojas acostumbran a ser de gran tamaño. Se emplean en trabajos de brujería.

SIMPATÍA Y ANTIPATÍA de las plantas según las signaturas :

Hay simpatía entre :	Tauro : Cáncer : Sagitario.
» » »	Géminis : Libra : Acuario.
» » »	Cáncer : Libra : Virgo : Tauro.
» » »	Escorpio : Cáncer
Hay antipatía entre :	Tauro : Libra : Escorpio.
» » »	Géminis : Capricornio.
» » »	Cáncer : Sagitario.
	Virgo : Aries : Leo
Planetas enemigos :	Saturno : Marte : Sol
Planetas amigos :	Venus con todos, sobre todo con Marte.
Planetas amigos :	Mercurio con todos, sobre todo con Júpiter.

COMBINACIONES DE INFLUENCIAS. He aquí algunos ejemplos, para ayuda del estudioso lector, de los resultados que producen las influencias combinadas de varios planetas:

Saturno con su dominio, por ejemplo, forma una planta de color negro o gris obscuro, de tallo duro y de sabor fuerte; una planta grande, de flores sombrías; para dicha formación llama comúnmente a *Marte*, y entonces la planta se vuelve rugosa, llena de nudos, de ramas hinchadas, de aspecto salvaje, y atormentada.

Saturno y *Venus* producen grandes árboles, de máxima fortaleza, porque la dulzura venusiana proporciona la materia que ha de desarrollarse al azufre de *Saturno*.

Si *Júpiter* se halla cerca de *Venus*, la planta nace fuerte y llena de virtudes.

Si *Mercurio* influye sobre una planta entre *Venus* y *Júpiter*, entonces es aún más perfecta; resulta un bellísimo vegetal, de cuerpo mediano, con flores blancas o azules.

Si el *Sol* se aproxima a los antedichos, la flor se vuelve amarilla.

Si *Marte* no se muestra contrario a ellos, la planta es capaz de resistir todas las malas influencias, y resultará apropiada para excelentes remedios. Por más que semejante combinación suele ser muy rara.

Si *Marte* y *Saturno* se contradicen, con *Mercurio, Venus* y *Júpiter,* resulta un árbol venenoso de flores rojizas y a menudo (a causa de Venus), de áspero tacto y de un gusto execrable.

Si, a pesar de que *Marte* y *Saturno* se contradicen, *Júpiter* y *Venus* manifiestan en ella su gran poder, y *Mercurio* muestra cierta debilidad, la planta será cálida y de virtudes curativas ; su tallo será fino, a trechos áspera y espinosa ; sus flores nacerán blancas.

Si *Venus* está próxima de *Saturno,* y si la *Luna* no se ve contrariada por *Marte* y *Júpiter,* resultará una planta bonita, tierna y delicada, con flores blancas, inofensiva, pero de escasa utilidad.

SEGUNDA PARTE

EL HOMBRE Y LA PLANTA

El mundo de las plantas está bajo la influencia de los planetas y está destinado a alimentar al hombre y curar sus dolencias.

La planta puede nutrir al hombre, es decir, reparar sus decaídas fuerzas orgánicas :

En su cuerpo físico, o sea la alimentación. En su cuerpo electromagnético, o sea la curación de sus enfermedades, y en su cuerpo astral : sonambulismo, éxtasis, ceremonias mágicas, adivinación.

El hombre, a su vez, puede hacer tres cosas en favor de la planta : Cultivarla (agricultura mágica). Redimirla (crecimiento mágico). Resucitarla (palingenesia).

Alimentación

No es mi intención hacer aquí una defensa del vegetarismo; autores más conocedores de la materia y con más autoridad que yo, han demostrado sus ventajas. Me permitiré solamente indicar algunas reglas dedicadas a los debutantes vegetarianos.

1.° Conviene saltar de la creofagia al vegetarismo con cierta lentitud y con parsimonia; y no se deben variar las bebidas fermentadas por la leche o el agua hasta que el cambio de régimen se ha verificado para los alimentos sólidos. Este cambio hay que ayudarlo por medio de un mayor consumo de fruta carnosa y acuosa.

2.° Efectuar este cambio de régimen, a ser posible, en el campo.

3.° Caso de permanecer en las grandes ciudades, no empezar el régimen en las fondas o restaurantes; y no hacerlo tampoco si se padece debilidad general.

4.° Tener en cuenta que la cantidad de alimentos vegetales ha de ser mayor que la de la alimentación animal que se seguía anteriormente.

5.° Conservar durante mucho tiempo el pescado en los menús; los huevos, la leche, la manteca de vaca, no deben jamás excluirse absolutamente, fuera de los casos especiales de ascetismo.

6.° Finalmente, hay que aprender, al mismo tiempo, a gobernarse el organismo físico; y precisa ante todo ser dueño por la voluntad de las pequeñas irregularidades de funcionamiento que puedan producirse.

Instrucciones sobre las comidas. Puede decirse de un modo general que cuantas más fuerzas se gastan para el cumplimiento de un acto, este acto nos resulta tanto más provechoso y útil. De ahí que, llevando las cosas a la punta de la espada, como vulgarmente se dice, convendría cultivar nosotros mismos nuestras plantas alimenticias, hacer la recogida y prepararlas, valiéndonos de utensilios que sólo sirvieran para dicho objeto. Para las iniciaciones naturalistas y panteístas que desarrollan esa teoría, estudiándola con todo detalle y muy profundamente, debe empezarse por purificar y perfeccionar cada uno su cuerpo astral y finalmente su inteligencia. Por esto vemos que los brahmanes y a los ascetas indios se les ordena que preparen ellos mismos sus alimentos y que en ningún caso permitan que los utensilios de cobre que constituyen su batería de cocina, sean tocados por otras manos que por las suyas propias.

De ahí derivan también las prescripciones referentes a la posición del cuerpo durante los ágapes; existen ciertas relaciones entre las corrientes electromagnéticas de un planeta y los seres o individuos que viven bajo su influencia; sería prolijo enumerar los fundamentos de esta teoría, pero haremos hincapié en la prescripción que aconseja, a los habitantes de nuestras regiones, comer de cara al Norte.

Otra prescripción es la que se refiere a las abluciones; los sacerdotes indios se lavan las manos, los pies, la boca, la nariz, los ojos y las orejas, repitiendo a menudo una invocación sagrada; a cuya costumbre corresponde en nuestras regiones la *Bendición de la mesa*, la cual, pronunciada mágicamente, es decir, expresada con unción verdadera, desde el fondo del corazón, posee un real y positivo valor de dinamización.

Finalmente, una última prescripción es la del silencio; la que se observa por las comunidades religiosas del mundo entero. Tiene por objeto, al concentrar toda la atención en el acto de la comida, reducir, por medio de sensibles proporciones, la cantidad de materias necesarias a la refección; la digestión reclama de este modo una menor actividad cerca del *plexus solar*, de donde se deriva una notable economía de fuerza nerviosa que los ejercicios de contemplación necesitan para resultar verdaderamente fructíferos. Pero, para los individuos que viven en el mundo y con el mundo, en la atmósfera pesada de las grandes ciudades, la alegría es el mejor digestivo y vale tanto como el mejor alcohol, para estimular la pereza del estómago.

Terapéutica

Las virtudes curativas del reino vegetal han sido celebradas desde los más remotos tiempos; en ellos se destacaba ya una general intuición sobre el particular; el nombre helénico del dios de la medicina en sí, *Esculapio*, significaba: el bosque, la esperanza de la salud o, según Porfirio, la facultad solar de regenerar los cuerpos, mejor dicho, aquella que repara las soluciones de continuidad en los tejidos humanos.

Las plantas pueden ser empleadas en medicina dentro de sus tres estados: vivas, muertas o resucitadas.

La planta viva sirve de modificadora del centro o cuerpo interior, sobre todo cuando es aromática. Su perfume tonifica todas las inflamaciones de las mucosas respiratorias. Así los tísicos calmarán su malestar respirando el olor de los pinos, de la lavanda, del romero, de la menta, etc.

Este es el empleo exotérico de las plantas vivas; su empleo esotérico viene indicado por Paracelso bajo el nombre de transplantación de las enfermedades.

Las enfermedades pueden ser contagiadas o transportadas de la persona que las padece a cualquier otro ser viviente.

Esta práctica, aunque recomendada por los grandes maestros del Ocultismo, es perniciosa para el plan espiritual del hombre y del vegetal; me explicaré con más detenimiento algún día sobre este asunto; de momento me contentaré con pasar el *modus operandi* bajo el más absoluto silencio.

Para las úlceras y heridas, se emplea *Polygonum persicaria, Symphytum officinal, Botanus europeus*, etc.

Para el mal de dientes, frótense las encías, hasta que salga sangre, con raíz de *Senecio vulgaris.*

Para la menorrea uterina, *Polygonum persicaria.*

Para la menorrea difícil, *Menta pulegium.*

Para la tisis pulmonar, el roble y el cerezo.

Se ha llegado hoy día a experimentar la acción a distancia, sobre sujetos hipnóticos, de determinadas substancias medicinales: Véanse, sino, los trabajos de los doctores Bourru, Burot, Luys, y de los magnetizadores de la primera mitad del siglo XIX sobre el particular.

Y cabe insistir en que no damos aquí más que ejemplos aislados, que el estudioso lector podrá ir multiplicando a voluntad según las leyes de las signaturas.

La planta cogida puede ser utilizada exotéricamente: en jugo, en polvo y en infusión.

En decocción (hervida en el agua); de resultados más activos que en infusión.

En magisterio, o sea por fórmula y preparación secreta.

En tintura (combinada con alcohol).

En quintaesencia.

He ahí las indicaciones prácticas sobre esta farmacopea exterior, entresacada de los libros de Paracelso; cada uno podrá hacer con ellas variados experimentos y manipulaciones diversas.

Y téngase presente que un medicamento vegetal es siempre tanto más activo, cuanto su preparación sea resuelta por una persona robusta y animada del deseo de curar.

Tinturas, Decocciones, Polvos, etc. Para la presentación y el desarrollo de nuestro ejemplo tomaremos tres medicamentos vegetales: el eléboro, la brea y la cicuta.

Tomamos de Paracelso:

«Un error popular ha sido que la planta llamada eléboro se estimara buena solamente para la curación de la locura, ya que es también utilísima para curar y prevenir numerosas enfermedades, incluso para conservar y prolongar la vida. Su eficacia y su virtud, observadas detenidamente, resultan notables para renovar la naturaleza del cuerpo, purificar la sangre y purgarla de toda clase de excesos. En la antigüedad se aplicaba con éxito, haciéndose con ella prácticas muy afortunadas, que han caído hoy en desuso con perjuicio de la humanidad, por lo que valdría la pena que el eléboro recobrara su primitiva prestancia.

»En primer lugar, conviene escoger el eléboro negro de Teofrasto, que es el más escaso y el más radical entre todas sus especies, según opinan todos los que durante largos años han practicado el sacerdocio de la medicina. Los efectos de aquél son más dulces y favorables que los de otros conocidos, como el eléboro de Dioscórides, el eléboro blanco, la eleborina o falso eléboro, los cuales han proporcionado resultados imprecisos en diversos ensayos.

»Podrá cogerse la raíz del eléboro negro, cortarla y hacer con ella una pasta que se pondrá al aire durante la noche ; a la mañana siguiente se la hará cocer lentamente ; se sacará del fuego y se la convertirá en polvo. El peso ha de ser de medio escudo ; y se tomará tres horas antes de las comidas, tres o cuatro veces al año, principalmente en primavera y otoño.

»Esta es una manifiesta precaución para

la evacuación de las inmundicias del cuerpo, de las cuales nacen las más graves indisposiciones ; y puede aumentarse la dosis, si se quiere.

»Se puede asimismo hacer cocer las hojas y la raíz del eléboro con pan de centeno, y, hecho polvo, se toma como correctivo ; la toma debe ser de treinta a cuarenta granos, y más todavía, para la gente robusta, ya sea en píldoras, en obleas o sellos, en pasta cocida o por medio de otra manipulación, antes de la comida del mediodía.

»Toda la planta se puede tomar también en polvo ; con la medida de peso antedicha, sin ninguna clase de preparación, como era costumbre en Roma.

»Dicha raíz puede condimentarse con carne, en el cocido ; deshacerse en la sopa, o tomarse diluída en un líquido cualquiera ; manera de purgarse bien y suavemente. *Puede añadirse a voluntad algún ingrediente* que resulte de agradable sabor.

»Los hunos, para purificar su sangre, se acostumbraron poco a poco, insensiblemente, al uso de las hojas de eléboro negro, recogidas en perfecta sazón, y no ignoraban que mezclado con azúcar, constituía el agua de eléboro, un gran elíxir para alargar la vida y prevenir toda clase de enfermedades, tanto externas como internas, hasta que les llegaba la hora de la muerte.

»Al principio, la dosis debe ser de 10 a 15 granos; y, gradualmente, hasta llegar a 30; entonces, éstos se tomarán durante algún tiempo, para pasar a un régimen más dilatado en que se tomará una dracma (unos tres miligramos y medio), y esto de *seis en seis días*; de esta manera el eléboro se hace familiar al estómago y, al perder su gran fuerza purgativa, resulta sólo un magnífico reconstituyente.

»Por medio de la industria se reduce a bálsamo, y la dosis de esta virtud balsámica es de 10 granos.

»Se saca de ella una excelentísima quintaesencia, superior a todos los precedentes preparados del eléboro que se suministran para rejuvenecer el cuerpo. La toma, en este caso, debe ser de cinco a seis gotas diluídas en algún licor apropiado, por ejemplo, en agua de melisa o agrimonia.

»De toda la planta, después de bien lavada y rociada con vinagre, se destila una especie de jarabe para purgar el humor negro y terrestre, mejor dicho, para separar de la naturaleza humana lo puro de lo impuro, lo saludable de lo nocivo y para desarraigar toda clase de males que de aquél provienen. Dicho jarabe obra con más seguridad y más eficazmente que cualquier otro purgante; es preferible al extracto, por más que ambos no tengan otro objeto que la acción de purgar, este último no es bastante poderoso para purificar toda la sangre y conservar luego la salud dentro de una firme estabilidad.

»Al uso frecuente de esta planta, muy particularmente de su raíz, se deben la maravillosa acción contra las más terribles enfermedades y la facultad extraordinaria de renovación del cuerpo y purificación de la sangre; como asimismo la excelente purgación, salvación de la salud; y es por ello que podríamos calificar este remedio como una segunda medicina universal, siempre que se tengan en cuenta las condiciones expuestas aquí someramente.»

AGUA DE BREA. De Paracelso, también: «Disuélvase una parte de brea en cuatro partes de agua fría, agitándose con una cuchara de madera por espacio de unos diez minutos. Dicha mezcla se conserva bien tapada veinticuatro horas, con objeto de que la brea tenga tiempo de precipitarse. Inmediatamente se pondrá la parte líquida en una botella, dejándose el resto que para el caso no tiene ninguna utilidad.»

Hay que tener presente que el agua de brea, para ser perfecta, ha de tomar un color de vino claro como los vinos llamados blancos de España o de Francia.

El Agua de Brea para uso externo. «Viértanse dos cuartillos (*) de agua hirviendo sobre un cuartillo de brea; agítese todo con un palo o una cuchara de madera durante quince minutos; déjese en reposo durante diez horas, y en seguida podrá usarse, procurando conservarla bien tapada.

»El agua de brea puede hacerse más o menos fuerte según las necesidades o a gusto del consumidor.»

Se emplea en loción contra el mal de piedra, la sarna, las úlceras, los lamparones, la lepra; y tomada como bebida o uso interno, contra las siguientes enfermedades: viruela, erupción sanguínea, ulceración de intestino, inflamación, gangrena, escorbuto,

(*) Un cuartillo es equivalente a medio litro.

erisipela, asma, indigestión, mal de piedra, hidropesía e histerismo.

La mejor brea se saca del *pitchpin*, clase de abeto o pino del Norte, que necesita un terreno especialmente seco y muy elevado.

PREPARACIÓN DEL EXTRACTO DE CICUTA. Se toman unos cuantos tallos y hojas de cicuta tierna. Exprímase el jugo ; háganse evaporar a fuego lento, dentro de una olla de tierra cocida, agitándolo de cuando en cuando. Dicha decocción durará hasta que el extracto se haya vuelto completamente espeso ; añádase luego una proporcional cantidad de polvo de cicuta para poder formar con ella una pasta consistente, con la que se confeccionarán pequeñas píldoras.

Si en vez de utilizar la cicuta tierna, se verifica la decocción con la misma planta, pero seca, es bien seguro que la preparación no llegará a tener igual virtud.

La medicación deberá empezar por muy pequeñas dosis, que gradualmente podrán ir aumentando en proporción ; procurando, después de cada toma, ingerir algún líquido caliente, como caldo o bien alguna infusión de flores cordiales.

También pueden emplearse las hojas de

cicuta, secas y cortadas, para uso exterior; se colocan en un saquito de tela, y después de permanecer éste unos minutos dentro de un cazo con agua hirviendo, se aplica en compresas a la parte dañada.

Todas estas preparaciones constituyen perfectos calmantes, y para ellas hay que usar la planta llamada *cicuta officinarum*, *cicuta vera*, o *cónium maculátum*, *seu cónium stemínibus sriatis*.

Teofrasto asegura que la mejor cicuta crece en la sombra y en los terrenos fríos; así la de Viena (Austria) y la de los alrededores de Soissons, es mucho más activa que la de París y que la de Italia.

Hipócrates, Galeno, Avicena y multitud de otros médicos, lo mismo pertenecientes a la Antigüedad, que a la Edad Media o del Renacimiento, empleaban la cicuta como medicamento de uso interno para resolver tumores, para cólicos de toda clase y para calmar los ardores de la matriz.

Nuestros abuelos se servían también mucho, para estos casos y como tónicos en general, de una quintaesencia de celidonia, de melisa, de valeriara, de betonia, de azafrán y de áloes.

PROHIBICIONES CANÓNICAS. Sabido es que, según la medicina de los antiguos, las condiciones astrológicas en el momento de la recolecta de las plantas influían extraordinariamente sobre las virtudes de las mismas. Dichas prácticas se hallaban terminantemente prohibidas por la Iglesia.

En los cánones sacados de los libros penitenciales de Teodoro, arzobispo de Cantorbery; del venerable Bède, de Raban, arzobispo de Mayence; de Halitgarius, obispo de Cambrai; de la colección publicada por Luc d'Archery; de la de Isaac, obispo de Langres; de Eybert, arzobispo de York; del 19.° libro del «Decreto» de Burchard; de la 15.ª parte del «Decreto» de Ives, obispo de Chartres, vemos datos suficientes que demuestran la unanimidad de criterio en condenar a todos los que se fijaron en «señales supersticiosas» para plantar árboles, etcétera, condena que consistía en dos años de penitencia en las fiestas legítimas de la iglesia; y para los que recogían hierbas medicinales, añadiendo al acto de la recolecta palabras de encantamiento, la penitencia era de veinte días.

J.-F. Bonhomme, visitador apostólico bajo el pontificado de Gregorio XIII, prohibe, en sus «Decretos» (impresos en Vercail, 1579), la recolección del helecho o del grano del helecho, y de otras varias plantas, en determinado día o en determinada noche; particularmente cuando esté en el pensamiento que dichas plantas no pueden ser recogidas en otro tiempo, so pena de perderse sus virtudes y eficacia. «Si hubiere alguien culpable de tales supersticiones—dice—será castigado severamente a juicio del ordinario del lugar.»

Inútil es decir que para el Iniciado, para el Mago, para el Adepto, esa clase de prohibiciones no tienen ningún valor, debido a su pueril importancia. Para el Místico, corresponden a una realidad, y las cumple, pero siempre siguiendo otras razones de orden más elevado que las de la simple obe diencia de un fiel católico.

Recolección. La noche verbenera de San Juan es muy buena para la recolección de toda clase de plantas y hierbas. Cada planta tiene, de otra suerte, algunos días especiales durante el año en que su fuerza se halla más exaltada; y asimismo, las horas de noche les son más propicias y favorables. Pueden cogerse las plantas después de haberlas consagrado por medio de signos y palabras cabalísticas apropiadas a su significación astral ; inmediatamente se arrancan de la tierra o se cortan con un cuchillo especial, indicando el objeto a que se destinan (*).

Las prohibiciones de la Iglesia, acerca de esas ceremonias, tienen su razón de ser o sus motivos fundados, que son muy secretos y que muy poca gente conoce. Basta consignar, a este propósito, que desde un punto de vista verdaderamente místico, y en el plano de la divinidad, todo acto de magia, es un acto de rebeldía y, por lo mismo, ha de ser objeto de represión por parte de los que proclaman su abstención.

El tratamiento hermético de las plantas, una vez recogidas, es totalmente distinto de la manipulación farmacéutica ordinaria. Su fin no consiste sólo en disponer de las cualidades físicas de los jugos de las plantas de la manera más provechosa, sino de dar libertad a la fuerza viva, la esencia,

(*) Véase la obra *Clavículas de Salomón*, por el Mago Bruno, en la cual se hallan las indicaciones pertinentes al caso.

el alma, o el bálsamo de la planta, como decían los antiguos hermetistas.

El bálsamo es el aceite esencial de los vegetales; no es ni el aceite vulgar, ni la sal, ni la tierra, ni el agua, sino algo muy sutil, el vehículo del cuerpo astral. Y ese bálsamo se obtiene por el fuego y no por la fermentación (Boherave).

Dicho bálsamo es lo que Paracelso llama un arcano, es decir, una substancia fija, inmortal y en cierto modo incorpórea, que cambia, restaura y conserva los cuerpos; esta fuerza se halla cubierta de una tintura, que se obtiene reduciendo el vegetal de su segunda materia a su materia primitiva, o, como dice Paracelso, del *cagastrum* al *aliastrum*.

A decir verdad, el poder curativo de un vegetal reside en su espíritu; así, pues, en su estado natural, la actividad de su espíritu se halla refrenada y su luz obscurecida por el vestido de la materia; es preciso, entonces, destruir esos inútiles harapos o, cuando menos, cambiarlos por algo más puro y más fijo. Y este cambio o transmutación se opera por medio de una cocción durante la cual se añade una substancia capaz de absorber toda suerte de impurezas. La elección de dicha substancia debe ser dictada bajo la consideración de que el sabor de un vegetal indica el hambre que lo devora, es decir, el tipo ideal hacia el cual tiende; hay que observar, pues, de cuál de los planetas recibe su influencia ese sabor, y empezar entonces la cocción con una sal mineral de la misma fuerza planetaria.

Tres cosas se obtienen por medio de dicha cocción: una sal, una primera materia y un mercurio, es decir, una agua fija.

«Quemamos las plantas — dice Santo Tomás en su opúsculo *Lápide Philosóphico* — en el horno de calcinación, y en seguida transformamos todo ello en agua, que destilamos y coagulamos, hasta convertirse en una piedra dotada de virtudes más o menos grandes, según las virtudes de las plantas empleadas y su diversidad.»

Existen tres sales o potencias vegetales particularmente útiles a la terapéutica, a saber:

La primera es jupiteriana, de buen perfume y de buen gusto; producida interiormente por una fuerza de expansión divina, y exteriormente por el Sol y por Venus. Pero ésta no es lo bastante fuerte para curar por sí sola; es enemiga de la vida ponzoñosa producida por ciertos fuegos, y determina la armonía o un acercamiento hacia la dulzura.

La sal de Marte es amarga, ígnea y astringente.

La sal de Mercurio es dinámica y determina las reacciones más saludables.

Júpiter y Venus son los antídotos de estos dos últimos.

La primera materia que se extrae, a continuación, de los vegetales, es nutritiva, es casi siempre un aceite con el cual el temperamento del paciente recobra fuerza y vigor.

Finalmente, el mercurio de vida es regenerador y vivificante; sólo puede ser extraído de los vegetales casi perfectos, de dulce sabor, influenciados por el Sol, por Venus y por Júpiter. Los vegetales de fuerte rudeza no atacan la raíz de este mercurio; por esto es que no se desarrollan, sino en virtud de los cuatro elementos, mientras que este mercurio llega hasta el cuerpo astral.

He ahí un sistema general de preparación de las plantas. El operador deberá modificarlo según la calidad elemental de cada una de ellas.

La planta cogida, cortada en pequeños pedazos, se pone a macerar en agua salada y caliente, un día, en lugar obscuro, después de haber estado en infusión en alcohol, al sol, durante una semana. Se guardan, aparte, los residuos sólidos, el agua de maceración, etc. Se preparan dos recipientes unidos por el cuello, envueltos en un trapo negro, y después de introducidos los líquidos y los residuos, se ponen a calentar, con un constante calor de 39 a 40 grados durante tres semanas. Cualquiera que sea la planta, ha de llegarse a obtener un licor bastante espeso, fijo y de color rojizo ; tanto los gases, como los líquidos y los sólidos obtenidos por este procedimiento, poseen cualidades especiales maravillosas.

Cura. Por regla general, es mejor emplear las sales de Marte y de Mercurio, como más activas, uniéndolas por Venus y Júpiter, de suerte que hallen medio de extinguir el fuego de su cólera. Cuando esto se ha conseguido, la cura está hecha, es decir, la armonía se ha restablecido; y bastará sólo un poco de sol para poner el todo en movimiento.

El médico debe saber que las buenas plantas pueden ser desvirtuadas por una mala mirada, en particular de Saturno y de Marte, y que las plantas venenosas pueden a menudo resultar beneficiosas gracias al Sol, a Júpiter y a Venus.

Siempre hay que tener en cuenta en las curas, lo semejante por lo semejante *(similia simílibus curántur)*, pues no se debe dar nunca una planta de Venus para una enfermedad de Saturno; adminístrese, por el contrario, una hierba que bonificada por la ira de Marte, venga de Júpiter o Venus; cuanto más ardiente sea una planta, mejores resultados dará para las curas, a condición de que su cólera haya sido transformada en amor, ya que si el veneno cayera dentro de la propiedad de Mercurio, la muerte llegaría prontamente.

PRIMUM ENS MELISSÆ, según Paracelso. Tómese un cuartillo (medio litro) de carbonato de potasa puro, expóngase al aire hasta que se disuelva, fíltrese después y añádase una buena cantidad de hojas de melisa que se sumergirán totalmente en el líquido. Póngase todo a fuego lento, en lugar cerrado, durante veinticuatro horas; fíltrese otra vez vertiendo sobre el líquido una cantidad de alcohol; guárdese dos o más días, hasta que el alcohol haya tomado, un color verdoso; se retirará dicho alcohol y se cambiará por otro hasta que no quede nada del color verde. Entonces se destilará, evaporándose y quedará un jugo de consistencia espesa como un jarabe.

Es condición precisa que el alcohol y el álcali sean de una pureza absoluta y de esencia muy concentrada.

Contraveneno. Uno de los contravenenos más activos contra los efectos de ciertos vegetales lo constituye la siguiente composición:

Se ponen a calentar, en un mismo cazo, alcohol y tártaro a una suave pero constante temperatura. El tártaro llega a destilar una especie de aceite rojizo, dotado de propiedades particulares. Este aceite es el indicado como excelente contraveneno para el caso. Tómense cuatro sorbos, con ligeras intermitencias.

Magia

Toda la magia del reino vegetal reside en el conocimiento de los *espíritus* de las plantas. La antigüedad los ha conocido con los nombres de *dríadas*, de *hamadríadas*, de *silvanos*, de *faunos;* son los *dusii* de San Agustín, las *hadas* de la Edad Media, los *Doire Oigh* de los galos, los *Grove Maidens* de los irlandeses. Paracelso da el nombre de *silvestres* a los habitantes de los bosques, y *ninfas* a los de las plantas acuáticas.

Estos seres pertenecen a la clase de aquellos que el ocultismo clasifica de *elementales;* son los habitantes del plano astral que aspiran a elevarse hasta la condición humana; están dotados de una especie de inteligencia instintiva, y varían de forma al mismo tiempo que el ser material al cual se hallan ligados. Son éstos los que los antiguos Rosa + Cruces utilizaban en sus curas milagrosas, pues a título de servidores obedecían con toda naturalidad y precisión las órdenes del hombre espiritual.

Su poder es tan grande sobre el plano material porque habitan el límite de dicho plano y del plano astral; pueden producir curas y visiones sorprendentes; del mismo modo que los elementos del reino mineral producen, cuando son bien dirigidos, todos los fenómenos de la alquimia, y los del reino animal, la mayor parte de manifestaciones del espíritu.

MAGIA RELIGIOSA. El simbolismo vegetal se halla extensamente expuesto en los libros sagrados de las antiguas religiones; bástanos recordar el árbol de la ciencia del bien y del mal y el árbol vivificador del Edén: símbolos de los dos sistemas que Adán podía haber seguido para cumplir su misión en el mundo; el árbol de Sephiroth de la Kábala; el Aswatta, o higuera sagrada, símbolo del conocimiento supremo; el Haonna de los mazdeístas, por el cual Zoroastro ha representado el método sanguíneo y el sistema nervioso del hombre y del Universo; el Zampoun del Thibet; el Iggradsil, el roble de Pherécydes y de los antiguos celtas.

Todos estos símbolos, dados a los vegetales, tienen varios sentidos diferentes; para no alejarnos demasiado de nuestro objetivo, mencionaremos solamente aquel que se refiere al desenvolvimiento mental. Todas las leyendas de carácter religioso nos representan los adeptos adquiriendo la omnisciencia debajo de un árbol; sólo Cristo, que significa, *entre otras cosas*, la *propia ciencia*, ha dejado de figurar bajo dicho simbolismo; la razón de ello es, en realidad, bastante dudosa; tiende a la definición misma de la criatura, o si se prefiere, a la doble utilidad y al doble uso que ella puede hacer de su libre albedrío. Así vemos que el simbolismo religioso completo necesita la expresión de dos árboles; la tradición cabalística o egipcia lo indica, ya que ella debió ser coronada por el descendimiento del Hijo de Dios; las otras tradiciones, por constituir herencia de razas en vías de disgregación, no señalan en sus fórmulas exteriores más que el Árbol de la Ciencia.

Este último, según las iniciaciones naturalistas, no es otro que la imagen del hombre interior; su tronco es la medula espinal, sus ramas son los *setenta y dos mil nervios* conocidos de los yoguis indios; tiene, además, siete flores, que son los siete centros del cuerpo astral; sus hojas son el doble aparato respiratorio que encierran los pulmones; sus raíces, el polo genital y las piernas; su savia es la electricidad cósmica que corre por los nervios y que se señala desde el éter cerebral hasta la tierra espermática.

La palabra *Yoga* es sinónimo de la palabra religión, en sánscrito ; ambas significan el punto que une el hombre al Universo y a Dios ; su proceso es el mismo que aquel por el cual una semilla recoge, de un terreno informe y obscuro, las moléculas con las cuales va a formar una flor bella y aromosa. Según el ideal de quien la practica, la *Yoga* transforma las moléculas impuras del cuerpo físico, en moléculas fijas e inalterables ; las bajas pasiones en puro entusiasmo ; la ignorancia intelectual en luz de verdad. Esta es la razón por la cual los maestros de la *Yoga* están representados bajo un árbol sagrado.

Magia natural. Las diferentes tradiciones exotéricas enseñan varias utilizaciones de las fuerzas vegetales ocultas. La planta puede ser empleada según su individualidad entera, o por una de sus partes esenciales.

Al primer método se refiere esta especie de pacto muy en uso entre los indígenas de la América Central, de Nueva Guinea, de Nueva Zelandia, de la India y de Alemania, por el cual se relaciona la suerte de un recién nacido con tal o tal otro árbol. Entre esas dos criaturas se desarrolla de este modo una suerte de enlace de vida, íntimo y estrecho ; el niño se aprovecha del vigor del árbol, pero si éste recibe alguna herida, aquél se resiente, sufre y acaba por morir.

Árboles mágicos. No existe un solo pueblo, en la India, que no tenga su árbol mágico, al genio del cual se rinde un verdadero culto por los individuos de las clases bajas.

Las tradiciones helénicas decían asimismo que cada selva tiene su genio y cada árbol su ninfa.

No es raro tampoco, ver sobre las Nilgiris, algún gran árbol grafiado con figuras grotescas trazadas con vermellón y azul, y teniendo en la parte baja de su tronco tres grandes piedras pintadas de rojo. Dichos árboles son lugares de sacrificio y de adoración ; y en ellos se encuentran a menudo restos de animales y haces de cabellos ofrecidos por los enfermos y por los posesos. A los espíritus guardianes de tales árboles, los indígenas les llaman *Mounispourams;* comúnmente se trata de espíritus benéficos, pero que tienen un poder mágico muy reducido, pues se circunscriben a un solo y determinado objeto.

Los indígenas consagran de cuando en cuando alguno de sus hijos a dichos genios, por un período de siete años, a la expiración de cuyo plazo se les ofrece un gran sacrificio, dejándose los cabellos de la criatura suspendidos del árbol.

Dichos árboles pertenecen, casi siempre, a la familia de los *Ilex:* algunas veces son de los llamados *Cinname* salvajes y también se hallan en el mismo caso los conocidos por *Eugenia.*

FILTROS. Podemos designar con el nombre de filtros toda suerte de brevajes, en la composición de los cuales entran substancias preparadas mágicamente para la obtención oculta de un determinado deseo. Los tres reinos de la Naturaleza proporcionan numerosos materiales para dichas preparaciones. Vamos a ocuparnos, no obstante, tan sólo de las substancias proporcionadas por el reino vegetal.

Las pomadas, los electuarios, ungüentos, colirios o brevajes mágicos provienen casi todos del dominio de la magia negra. Su número es muy grande y puede ser aumentado todavía por un mago inteligente. Así vemos como los sacerdotes taoístas chinos, tan sólo emplean para todos los usos de la medicina, de la psicología y de la magia, trece substancias vegetales, animales y minerales ; pero de ellas saben sacar un sinfín de combinaciones.

Estas preparaciones pueden ser empleadas sobre uno mismo o sobre otras personas : obran todas sobre el cuerpo astral, y de él sobre uno de sus tres focos : el instintivo, el pasional y el mental.

En el primer caso, producen la salud, la enfermedad y todos los fenómenos fisiológicos posibles. En el segundo, producen el amor, el odio y las demás pasiones. En el tercero, producen fenómenos de sonambulismo, de clarividencia, de clariaudiencia, de psicometría y de otros órdenes aún más extraordinarios.

El folklore, las historias de brujería, los relatos que cada cual ha podido escuchar relativos a envenenamientos y de asesinatos a distancia, de animales o de personas, se explican por la acción de esas substancias mágicas obrando sobre el centro instintivo ;

y lo mismo puede decirse respecto de los filtros de amor; pero el empleo de plantas para provocar fenómenos psíquicos es menos conocido; dicho arte se practica aún en Oriente en la actualidad, por la mayor parte de los conventos budistas, por los taoístas chinos, los lamas tibetanos, los tankris del Bhoutan, los shamanes del Turquestán y determinadas cofradías de los derviches musulmanes; sin contar el empleo instintivo que hacen de él casi todas las tribus salvajes de diversos continentes.

El haschisch y el opio son dos de las plantas más conocidas entre las substancias vegetales con particularidades especiales para la acción mental; pero nadie, en Occidente, tiene conocimiento de la manipulación de que son objeto, a menos de haber sido iniciados en el propio Extremo Oriente. Los relatos de Quincey o de Baudelavie, sin quitarles el mérito del arte y de la sinceridad, no nos revelan ningún secreto sobre las posibilidades de tales remedios. Lo único que podemos observar sobre el particular, es que el empleo de esas drogas no puede conducir al éxtasis intelectual más que en el caso del sujeto que haya sabido previamente, sin excitación y por la sola fuerza de su voluntad, hacerse dueño y señor de sus fuerzas mentales y sentirse capaz de gobernar la asociación de las ideas ; y ésta no es, en realidad, una tarea demasiado fácil. De no ser así, si el aficionado al haschisch lo toma sin fijar previamente el entendimiento, es seguro que se lanza a la aventura, como navegando en una barca sin timón, sobre un océano mucho más terrible que el mar de las Indias con sus ciclones y tempestades ; y puede llegar al puerto de la locura, o, lo que es peor... puede no volver.

Ragón, el gran intérprete moderno de la Masonería, ha expuesto en una de sus obras algunos experimentos nuevos : Tomaba discos de diferentes colores, les untaba con un jugo espeso de diferentes plantas y los presentaba a la vista de sujetos en estado magnético para que éstos los contemplaran. He aquí el resultado de dichos experimentos :

I. Disco Violeta

Beleño. — Belladona. — Estramonio

Movimiento continuo de brazos y piernas, deseo de tocar determinado objeto o de andar hacia un punto fijo; gritos, aullidos, ganas de morder o de dar cuchilladas, embriaguez, aparición de felicidades, realización de toda clase de deseos. El recuerdo persiste.

II. Disco Indigo

Pimienta.—Eléboro negro.—Haschisch

Excitación febril; debilidad en las piernas. El sujeto se pone de rodillas y quiere hacer oración, pero no se acuerda de una sola palabra. Pérdida de la vista. Los párpados le tiemblan, cierre de los ojos, sueño profundo. Despierta sudando copiosamente.

III. Disco Azul

Laurel cerezo.—Alcanfor.—Asafétida

Excitación general; movimientos convulsivos, deseos de dormir, pérdida del conocimiento, somnolencia, abatimiento. Despierta entontecido; no recuerda nada.

IV. Disco Verde

Estricnina.—Belladona.—Acónito

Lágrimas abundantes; se retuerce las manos, deseos de correr más que un caballo. Estremecimiento general de los miembros. Se despide como para morir, hinchazón, estado letárgico.

V. Disco Amarillo

Opio. — Estricnina. — Eléboro blanco

Movimiento rítmico de la cabeza, hinchazón, sueño ; cuando se le hacen abrir los ojos, el disco le pone furioso. Sueños voluptuosos, escalofríos, extrema palidez, abatimiento, otra vez sueño, estado zoomagnético. Ningún recuerdo.

VI. Disco Anaranjado

Valeriana. — Tabaco. — Adormidera

Grandes alegrías, hinchazón de los miembros, sueño ; obligándole a abrir los ojos, el disco le da ganas de reír ; una risa ininterrumpida ; sufrimiento moral inexplicable. Lloriqueos, lucidez. Se levanta entorpecido.

VII. Disco Encarnado

Ciruelo. — Lavanda. — Digital

Miedo, se acurruca ; temores a causa de personas escondidas. Gritos agudos. Ojos desorbitados. Calambres que duran más de una hora. Tardanza en volver en sí.

Estos son los experimentos de Ragón, cuya prueba no aconsejaríamos a nadie fuese repetida ; sus resultados, como se ve, no pueden ser más desastrosos, y sólo se consigue destrozar el sistema nervioso de los infelices sujetos, bajo el falso pretexto de una utilidad científica inmediata.

Reprobamos, asimismo, todas las prácticas de la magia natural y física, salvo en los casos de terapéutica. La satisfacción de un amor o de un odio, la vana adquisición de un conocimiento intelectual no son, de otra parte, cosas tan importantes que se pueda, en nombre de ellas, privar el ejercicio del libre albedrío y el desenvolvimiento normal de las leyes del Universo. Una sola cosa es necesaria : amar a Dios y al prójimo ; todo lo demás es vano y perecedero.

UNGÜENTOS DE LOS BRUJOS. He aquí, a título de curiosidad, algunas noticias que hemos sacado de un libro muy poco conocido que tuvimos ocasión de consultar en la biblioteca de un querido amigo nuestro :

«Entre las substancias simples de las cuales se sirve el Diablo para turbar los sentidos de sus esclavos, y que unas tienen la virtud de hacer dormir profundamente y otras sugestionan con figuras y representaciones tanto en vela como en sueño, las siguientes parecen tener una mayor importancia. Estas son la *raíz de belladona, hierba mora furiosa, sangre de murciélago, adormidera, perejil, tuya, pentaphyllon, acoro vulgar, álamo blanco, opio, beleño, cicuta*, las *especias de adormidera*, la *hyuroye* y el *synochytides*, que hacen aparecer los espectros del Infierno, es decir, los malos espíritus; como a la inversa el *anachytides* hace aparecer las imágenes de los santos ángeles.»

Nynauld reconoce tres clases de ungüentos dentro de la farmacopea diabólica. Los de la primera, que provocan únicamente sueños, se componen de grasa de reptiles, de perejil, de acónito, de pentaphyllon, de hierba mora y de honguillos (gusanitos que se crían en los hongos).

Por la virtud de los ungüentos de la segunda clase, «el Diablo persuade a los brujos de que, una vez untados, podrán emprender correrías por los aires montados sobre una escoba o un palo y dirigirse a sus respectivas sinagogas, pasando por el hueco de las chimeneas... Cabe objetar que en la composición de dicho ungüento no entran más que simples narcóticos, pero tienen la virtud de turbar los sentidos mezclándolos con determinadas substancias extrañas, como por ejemplo : vino en gran cantidad, sesos de gato, belladona y otras cosas que me callo por temor a dar ocasión a la mala gente para hacer daño a sus semejantes».

El tercer ungüento es facilitado por el diablo a las brujas, persuadiéndolas de que una vez untadas con él, se transformarán en animales y podrán así correr por los campos. En su composición entran partes del cuerpo de un sapo, de una serpiente, de un erizo, de un zorro, sangre humana, algunas hierbas y raíces, de todo lo cual Nynauld no señala la dosis.

El consejero d'Eckartshausen, que vivió a fines del siglo XVIII, da la siguiente fórmula para provocar las apariciones : píldoras compuestas de cicuta, beleño, azafrán, áloes, opio, mandrágora, adormidera, asafétida y perejil, todas estas plantas secas y quemadas.

Contra los malos espíritus, lo más indicado es la asafétida, *castóreum* y el vinagre.

El propio Nynauld, en el capítulo VII de su obra, consigna las siguientes fórmulas de perfumes:

Para ver cosas raras y extrañas: raíz de brezo, jugo de cicuta, de beleño y semilla de adormidera negra.

Para ver cosas futuras: semilla de lino y de psellium, raíces de violeta y de apio.

Para alejar los malos espíritus: calaminta, peonía, menta y palma-christi.

Si se hace quemar hiel de gibia, tomillo, rosa y un poco de áloes, y luego se echa encima agua, la casa aparecerá como si se hubiese llenado completamente de agua; si se echa sangre, dará la ilusión de estar llena de sangre, y si se echa un puñado de tierra, el pavimento de la casa parece moverse como si se produciese un sensible temblor.

Agronomía mágica

CULTIVO OCULTO DE LAS PLANTAS. Existe una agricultura mágica de la cual, tanto los preceptos como el sistema práctico o *modus operandi*, han sido olvidados. El fundamento de este arte consiste en sembrar el grano en la matriz exacta que le es complementaria y que, por tanto, le corresponde. Así como, dentro del régimen del misticismo, el hombre que ha hallado su tipo celeste, se convierte por este mero hecho en poderoso ejecutor de obras y admirable orador, la semilla echada en su tierra propia o conveniente, llega a conseguir su mayor perfección genérica.

Las sementeras se hacen bajo los auspicios de *Saturno;* los antiguos labradores llamaban *sat* a la semilla y *satur* al sembrador; sembrar es tanto como internar algo en la obscuridad, en lo profundo y en el misterio.

Las tinieblas provocan la luz, y la masa informe de los cotiledones putrefactos llaman la flor radiante de color y de perfumes o el árbol majestuoso y copudo.

Veamos lo que sucede en la gran mayoría de casos de siembra, esto es, cuando la tierra no corresponde en un todo al germen que se le confía. Ya vimos anteriormente que el desenvolvimiento subterráneo de éste se verifica bajo la influencia de la *Sal,* del *Azufre* y del *Mercurio* de la tierra; el Sol está allí presente, como creador universal de la vida ; pero sus rayos vitales invisibles no son asimilables para el grano escondido bajo tierra más que cuando se le aparecen en calidad de correspondencia complementaria con el mismo. Tenemos entonces que si la tierra donde se halla el grano no satisface esas condiciones, el *Ens* del germen extiende sus pequeñas raíces, agotando sus fuerzas en busca de lo que necesita y no halla a su próximo alrededor ; entonces la raíz crece seca y rugosa, al igual que el tallo : la *Sal*, el *Azufre* y el *Mercurio* se consumen a sí mismos y consumen sin resultado la vida solar que les llega bajo una calidad inferior no asimilable para ellos.

El arte puede remediar ese inconveniente fundamental, de dos maneras : escogiendo con cuidado la tierra que sea apropiada al germen que hay que fecundar, o si la planta hubiese ya germinado, proporcionándole un estimulante vital.

En el primer caso, conviene conocer a fondo, ya sea la proporción con que la *Sal*, el *Azufre* y el *Mercurio* participan en la composición de la tierra y del grano germinativo, ya sea la composición química que entra en uno y en la otra.

En el segundo caso, se producen, en el transcurso de la preparación de la piedra, en particular por la vía de sequedad, diversos líquidos de depósito que ejecutan muy acertadamente el oficio de médicos para las plantas misérrimas o enfermas.

De todo ello haremos referencia, en capítulo aparte, al hablar del crecimiento mágico de las plantas.

Además de las relaciones de la planta con el sol que la nutre físicamente, hay que escoger para ella una sociedad que le sea propicia. Ciertas plantas prosperan viviendo al lado de ciertas otras, y mueren si sus vecinas les son antipáticas ; de ahí se desprende una cuestión de afinidad o antipatía, como podríamos demostrar con múltiples ejemplos, y los siguientes han sido hechos por experimentación diaria.

El olivo es amigo de la vid y quiere estar lejos de la col.

El ranúnculo (la «francesilla») es amiga íntima del nenúfar.

La ruda desea vivir cerca de la higuera.

En fin, los agentes exteriores, y en particular la luz, tienen también su influencia poderosa sobre la vida vegetal. El rayo azul del espectro activa la vegetación, y el rayo amarillo la retarda. Camilo Flammarión ha hecho, sobre este punto, experimentos terminantes y notabilísimos.

COSECHA O RECOLECCIÓN DE LAS PLANTAS. La buena doctrina astrológica nos enseña que las plantas deben ser cogidas en determinadas horas planetarias, o mejor aun, en el momento de la conjunción de los planetas favorables bajo cuya influencia se hallan, y en ocasión de encontrarse fuera del radio de acción los astros maléficos.

El pequeño diccionario que va al final de la obra indicará los diversos casos que pueden presentarse.

Crecimiento mágico de las plantas

El doctor Carlos du Prel cita el siguiente pasaje de Simón el Mago:

«Con sólo un gesto mío, la tierra se cubre de vegetación, los árboles crecen a la vista de los mortales... Mi poder es tal, que hago salir pelo de la barba de los efebos... Más de una vez he conseguido que en un instante crecieran rápidamente los arbustos que aun no habían salido de la madre tierra...»

Cristóbal Langhans cuenta, en uno de los relatos de sus interesantes viajes, el hecho siguiente : «Un fakir pidió una manzana de *Sina;* cuando la tuvo en la mano, la abrió, retiró de ella una de sus pepitas y la puso bajo tierra después de haber rociado un poco ésta. Cubrió la parte de tierra con una pequeña cesta, se puso un puñadito de tabaco en la boca y adhiriendo a sus labios un hilo encerado, lo hizo correr varias veces por entre el tabaco humedecido. A los pocos instantes levantó del suelo la cesta y con sorpresa de todos los presentes nos mostró que una planta había crecido en la tierra en el escaso espacio de media hora. Volvió a cubrir la planta, hizo algunos gestos raros y pronunció algunas palabras misteriosas, y al levantar de nuevo la cesta vimos que la planta, además de ir creciendo rápidamente, se había adornado con magníficas flores olorosas ; los camaradas del extraordinario fakir le acompañaron entonces en sus gestos y movimientos, y pronto pudimos observar que la planta ya era un árbol crecido y que de él salían exuberantes frutos. Para hacer madurar éstos, empezó el fakir a dar un nuevo baño de tabaco a su hilo maravilloso y unos quince minutos más tarde nos ofrecía cinco manzanas de espléndida hermosura y perfecta madurez. Probé una de ellas, y he de afirmar que la encontré muy semejante a los frutos naturales; el comisario se guardó otra como recuerdo; luego el fakir arrancó el árbol de raíz y lo echó al agua.»

Y he ahí otra prueba de la cual fué testigo un viajero de nuestro tiempo. Nos la cuenta J. Hingston en su obra *The Australian Abroad:*

«En la terraza de uno de los hoteles de la calle principal, vi un grupo de truhanes agachados sobre el suelo. Todo su traje consistía en un pequeño trapo, más que toalla, colocado alrededor del bajo vientre, de manera que no les era posible hacer el menor escamoteo en sus ejercicios.

»Esa gente era de lo más hábil y extraordinaria que jamás se haya visto. Uno de ellos colocó una nuez en tierra, sobre las losas, la cubrió con dos pedazos de tela que levantó varias veces con objeto de alejar en los espectadores toda idea de superchería.

»La nuez se partió en dos mitades y al poco rato se fué transformando hasta que, pasados unos diez minutos, convirtióse en un pequeño arbusto, con sus hojas y sus raíces.»

Hechos parecidos a éstos han sido observados en Europa mismo. En 1715, un médico llamado Agrícola, ejecutó, en Ratisbonne y delante del conde de Wratislaus, los experimentos siguientes:

1.° Disponiendo tan sólo de doce limones, hizo crecer doce limoneros con sus raíces, ramas, hojas y frutos.

2.° También ejecutó lo mismo con algunas manzanas, melocotones y albaricoques, cuyos árboles hizo crecer hasta la altura de cuatro o cinco pies.

3.° Para completar el resto de la conferencia destinada a esa clase de experimentos, presentó quince almendras en estado de germen y las hizo crecer a la vista del público, continuando así mágicamente su desenvolvimiento normal como si estuvieran bajo tierra, pero con extraordinario aceleramiento.

Daremos fin a estos relatos maravillosos explicando otro más maravilloso si cabe, en el cual el protagonista del fenómeno es un fantasma. Los detalles que vamos a transcribir están sacados también de la obra del doctor du Prel, el famoso sabio que los oyó de labios de un testigo ocular:

En un centro espiritista, un médium inglés, Miss d'Espérance, obtenía la materialización de un espíritu que se hacía llamar Yolanda. Durante una de sus materializaciones, el fantasma pidió una botella, agua y arena; metió el agua y la arena dentro de la botella y colocó ésta en el suelo describiendo a su alrededor algunos pasos circulares; puso luego unas semillas de *Ixora crocata* y de *Anthurium Schezerianum* encima de un pedazo de tela blanca, y se retiró hacia el gabinete negro de donde había aparecido. Instantáneamente vimos removerse algo dentro de la botella; y Yolanda nos mostró una planta con sus hojas verdes, sus raíces y sus capullos; la botella fué echada por los suelos y el fantasma entró de nuevo en el gabinete negro. Cuatro o cinco minutos transcurrieron todo lo más, y ya todos los asistentes, en número de más de veinte, pudieron examinar a sus anchas las dos pequeñas plantas, de unas seis pulgadas de altura guarnecidas de flores frescas y brillantes.

Relatos parecidos pueden leerse en los libros de Tavernier *(Voyage en Turquie)*, de Du Potet *(Journal du Magnétisme)*, de Gouguenot des Mousseaux *(Les hauts phénomènes de la magie)*, etc.

Los experimentos bien conocidos de Luis Jacolliot, cuyas obras se hallan profusamente extendidas por el mundo, confirman asimismo dichos antiguos relatos.

Los filósofos más avanzados no se manifiestan tampoco, en teoría, adversarios de tales experimentos.

«Sabemos, dice Eduardo von Hartmann, que las funciones psicológicas de la vida vegetal pueden ser poderosamente excitadas por medio de los rayos luminosos de gran fuerza, ya sea valiéndonos de la electricidad o de reacciones químicas ; que algo de esto sucede también con el hombre ; un niño de cuatro años puede conseguir el desarrollo de un sujeto de treinta años ; y ciertos frutos que crecen normalmente aprisa, pueden, por medios artificiales, alcanzar una más acelerada madurez. De ello se desprende la posibilidad de que la fuerza mediúmnica opere también de una manera análoga.

El doctor du Prel, de quien hemos sacado todas estas citas, construye del siguiente modo una teoría que no puede ser más interesante :

En el hombre, la vida orgánica, lo mismo que la vida intelectual, ofrecen el ejemplo de la acción de una potencia aceleradora análoga a esa que hemos estudiado al tratar de las plantas. Nuestro autor hace referencia a una cita hecha por él mismo en otra obra, *La Philosophie de la Mystique*. Se trata de la alteración del tiempo en determinados fenómenos del sueño, durante los cuales varios cuadros o escenas pasan por delante de nuestros ojos y cuyo desfile dura, al parecer, muchas horas, cuando en realidad su duración es tan escasa que es sólo cuestión de unos segundos.

El hombre, en el seno materno, cursa en el término de nueve meses un proceso biológico que, en la naturaleza exterior, dura millones de años. (Véase *Antropogenia*, de Haeckel.) ¿Por qué ha de serle imposible, a una voluntad ejercitada, el construir alrededor de un *ens* vegetal o animal, y hasta mineral si se quiere, una materia invisible que proporcione a dicho *ens* alimentos mucho más dinámicos, esto es, más espirituales? Esto es lo que hace el fakir, según asegura el doctor Encausse, en su tratado de *Magie pratique;* es con su propia vida que hace desarrollar la semilla sobre la cual pone su mano. Su alma se halla en aquel instante concentrada como en una especie de fuego vivo de su cuerpo astral, llamado en sánscrito el *Swadishtana Tchakra,* y éstas son las fuerzas de la vida vegetativa que nutren y desarrollan el fenómeno a la vista del hombre maravillado.

En lugar de pedir prestado los materiales de dichos alimentos invisibles a un organismo humano, pueden sacarse aquéllos de la Naturaleza, y entonces es cuando la Alquimia usa de sus procedimientos. He ahí un par de fórmulas, sacadas de un tratado magistral sobre este Arte:

«Se toma una onza de *Marte* y una onza de *Venus;* se maceran a 75 grados en un globo de vidrio grueso; se añade al *cáput mórtuum* verde o encarnado una cantidad de licor disolvente verdoso. Se destila durante largo tiempo; se vuelve a destilar hasta las heces por cinco o seis veces, de manera que no quede nada en el receptáculo. La evaporación se resolverá en una sal fija y roja. Si se ponen semillas en un cazo donde haya agua de ésta y se añade un poco de dicha sal, las semillas germinarán rápidamente y nacerá un arbusto con hojas de reflejos dorados y con frutos magníficos.»

Oro potable (para las plantas). Vamos a transcribir una de las numerosas fórmulas conocidas para componer este preciado licor :

«Se pone al fuego, a un calor de 400 grados, una cantidad de azufre preparado alquímicamente. Un tanto gelatinosa al principio, la masa se funde de nuevo, se destila y vemos que deja un residuo. Se recoge este residuo y se mezcla íntimamente con una sal hasta convertirse en pasta ; luego se destila la mezcla por medio de una alta temperatura ; se hace pasar por el tamiz el *cáput mórtuum* y se va repitiendo esta última operación hasta que la destilación no produzca ya sino una agua insípida.

»Combinada esta fórmula con alcohol puro (como se hace con la sal de tártaro), se obtienen un aceite y una agua que es necesario separar. Esta agua disuelve la sal de oro y una vez se halla bien saturada de metal, resulta un líquido excelente para regar con él las vidas enfermas, los árboles frutales que crecen poco, etc.»

La Palingenesia

Hay quien se ocupa ya, poco o mucho, en la actualidad, de los problemas misteriosos de la biología de los tres reinos inferiores de la Naturaleza ; los más intuitivos de nuestros contemporáneos están convencidos que existe algo detrás de la botánica y de la zoología oficiales. Este algo, los grandes iniciados de todos los tiempos lo han conocido y, en destellos por lo menos, lo han dejado traslucir por el mundo. Si la Alquimia es célebre en la historia del desenvolvimiento científico de nuestro Occidente, la Botánica Oculta es mucho menos conocida y la Zoología Oculta se ignora casi por completo. Las tres existen, no obstante, como los desenvolvimientos sucesivos de una sola noción : la vida terrestre.

Para cada uno de los tres reinos de esta Vida, se puede reconstituir el Arte y la Ciencia que les estaban consagrados en los antiguos Templos de la Sabiduría, pero no es éste el lugar más adecuado para construir hipótesis seductoras; y no vamos a buscar en las síntesis desaparecidas otra cosa que los estrictos materiales que nos precisan para construir la teoría de nuestro objeto.

Entre el mundo material y el mundo espiritual hay algo que hace las veces de intermediario, que es el mundo astral: este mundo astral, que se prodiga y repite a través de los tres reinos de la Naturaleza, tiene por nombre, según Paracelso, *Leffas* para los vegetales, y combinado con su fuerza vital, constituye el *Ens primum*, que posee las más altas virtudes curativas; y es él y no otro el verdadero objeto de la Palingenesia.

Como se ve, es un arte triple, que consiste en hacer revivir el alma, es decir, simplemente el fantasma de la planta; o bien en hacer revivir el cuerpo y el alma de la planta; o, en último término, crearla con materiales tomados al reino mineral.

Vamos a dar algunas recetas palingenésicas que se refieren en su totalidad al primer trabajo, no se conoce nada escrito sobre la resurrección y la creación física de las plantas.

«Un tal Polonois conocía el arte de encerrar los fantasmas de las plantas dentro de sus redomas; de suerte que siempre que le parecía bien, hacía aparecer una planta en una redoma. Cada recipiente contenía su arbusto; en el fondo aparecía, asimismo, un poco de tierra semejante a ceniza. Todo ello sellado herméticamente. Cuando quería exponerlo a la vista de alguien, calentaba suavemente la parte inferior de la redoma. El solo calor que penetraba en ella hacía salir del seno de la materia cenagosa un tallo, unas ramas; después hojas y flores, según la naturaleza de la planta, de la cual había encerrado el alma; y esa visión permanecía completa a los ojos de los espectadores mientras duraba el calor excitante.

»Es invariablemente sobre el patrón mórfico de la planta, sobre su *cuerpo sideral* o potencial—substrátum de la materia visible (reducida ella misma al estado de *cáput mórtuum*)—que el fantasma vegetal se dibuja, en objetivación efímera en el primer caso; y que, en el otro caso, preside, a modo vegetativo, el agrupamiento molecular de la materia naciente.

»En el *Gran Libro de la Naturaleza*, publicado en el siglo pasado, bajo los auspicios de la secta mística Rosa † Cruz, encontramos todas las fases de la operación espagírica necesaria para llegar a obtener el *fénix vegetal*. Es el vaso preparado para la prueba de la palingenesia, lo que el autor cita por medio de esta metáfora. En cuanto a las manipulaciones esenciales, será bajo reservas que revelaremos el recetario, procurando resumir el detalle de las minuciosas prescripciones formuladas desde la página 15 hasta la página 19.

»1.° Es preciso, ante todo, machacar bien en un mortero cuatro libras de grano bien maduro de la planta de la cual se desea sacar el *alma;* en seguida se procurará conservar la pasta que resulte en el fondo de una vasija muy transparente y muy limpia.

»2.° Un día, al atardecer, si la atmósfera se halla bien pura y el cielo se presenta muy sereno, se expone dicho producto a la humedad nocturna, para que se impregne de la virtud vivificante que existe en el rocío.

»3.° y 4.° Se tendrá buen cuidado de recoger y filtrar una buena cantidad de dicho rocío, pero a condición de que sea antes de salir el sol, porque éste aspiraría la parte más preciosa, la cual es extraordinariamente volátil.

»5.° Acto seguido se destilará el líquido filtrado. Del residuo o de las heces, conviene saber extraer una sal «muy extraña, pero muy agradable de ver».

»6.° Se rociarán los granos con el producto de la expresada destilación, previamente saturada de la sal en cuestión. Inmediatamente, se introducirá la vasija, herméticamente cerrada con bórax y vidrio machacado, entre el estiércol de una cuadra de caballos.

»7.° Al cabo de un mes, el grano se habrá convertido en una especie de gelatina; el espíritu será como una piel de variados colores que flotará entre toda la materia. Entre la piel y la substancia cenagosa del fondo de la vasija, se observará una especie de rocío verdoso que representará un campo de mies.

»8.° Cuando la fermentación se halla en este punto, la mezcla producida, dentro de su vasija, que continuará exactamente cerrada, será expuesta, de día, a los ardores del sol, de noche, a la irradiación lunar.

Durante los períodos lluviosos, es necesario trasladar la vasija colocándola en lugar seco y templado hasta la vuelta del buen tiempo. Para que la operación sea perfecta, han de transcurrir varios meses en dichas condiciones; mejor un año; hasta que se observa que la mezcla ha doblado su tamaño y que la película ha desaparecido. Entonces será señal de que el éxito no se hará esperar.

»9.° La materia, en su último estado de elaboración, debe aparecer en polvo y de color azulado.

»... Es por entre dicho polvo que se levantan el tallo, o tronco, las ramas y las hojas de la planta, en el instante de poner la vasija a fuego lento. Y así es como se forma el Fénix vegetal.

»La palingenesia de los vegetales no sería otra cosa que un objeto de diversión, si esta operación no hiciese entrever otras más grandes y más útiles. La Química puede, por medio de su arte, hacer revivir determinados cuerpos. Algunos de éstos son destruídos por ella por medio del fuego, pero vemos como inmediatamente les devuelve su primitiva forma. La transmutación de los metales, la piedra filosofal, son una consecuencia de la palingenesia metálica.

»Con los animales se hace lo que con las plantas; pero aunque sea mucha la fuerza de mi empeño, no puedo explicarlo por medio de palabras.

»Lo más maravilloso que encierra la palingenesia es el arte de practicar sobre los restos de los animales.

»¡ Qué placer más grande, poder perpetuar la sombra, el espectro de un amigo, cuando éste ya dejó de existir! *Artemisa* se tragó las cenizas de *Mausoleo;* y fué porque ignoraba el secreto de engañar a su propio dolor.»

Fijémonos en el extraordinario valor de esta rápida indicación. La homogeneidad de la Naturaleza universal autoriza al hombre para que pueda inferir por analogía; y si ha razonado bien, la experiencia confirma siempre sus inducciones. Por esto lo que sucede en el reino vegetal, debe paralelamente producirse en los reinos inferior y superior; se justifica así en el uno la transmutación de los metales, y en el otro la reviviscencia póstuma de las formas desaparecidas.

A pesar del gran entusiasmo que pueden excitar tan altas perspectivas, debemos convenir en que la práctica de la palingenesia no está exenta de peligros desde el punto de vista moral, ya que tarde o temprano hace pagar, y muy caro, sus favores a sus discípulos.

* * *

Vamos a completar nuestro estudio sobre materia tan interesante, con un resumen de la obra *La Palingenesia histórica y práctica*, del profesor Karl Kiesewetter, químico ilustre, ocultista profundo y gran admirador de Paracelso.

Inspirándonos en el ejemplo que nos proporciona el doctor Du Prel en sus artículos sobre el aceleramiento de la vegetación de las plantas y sobre el Fénix de las plantas, creemos no dejará de tener interés para nuestros lectores el facilitar un pequeño resumen, tanto de la parte histórica de las teorías y de los experimentos relativos a la palingenesia, como de las prácticas ejecutadas. Así, gracias a mis pruebas personales, que sería prolijo enumerar, estarán mis lectores en disposición de poder darse cuenta de la importancia que pueda tener la materia que nos ocupa. Precisamente yo me hallo en condiciones de poderos ilustrar en este punto, ya que, desde hace muchísimos años, me ha sido dable el recoger varias instrucciones de gran eficacia y difíciles de descubrir para la mayoría de las gentes ; y por más que todas son inéditas, he procurado eliminar de ellas todo lo que en épocas anteriores podía confundirse con algo que no era propiamente la palingenesia, por ejemplo, los fenómenos de la *generatio alquivoqua*, de los precipitados metálicos arborescentes y de la cristalización, cosas todas en nombre de las cuales se puede colocar la palingenesia de las ortigas en la lejía congelada de su sal, de la cual hace mención Joseph Duchesne (llamado en latín *Quercertanus*, 1546-1606), médico de Enrique IV de Francia.

Por de pronto distinguiremos dos clases diferentes de palingenesia :

1.° La palingenesia de las sombras, que tiene por objeto la producción del cuerpo astral, ya sea vegetal o animal.

2.° La palingenesia de los cuerpos, que implica el aceleramiento de la vegetación de las plantas (vegetación forzada) y que, al mismo tiempo, tiende a la reconstitución de los cuerpos organizados destruídos.

Esta segunda, en sus últimas consecuencias, penetra en el dominio del *Homúnculus*, esa evocación química del ser humano, punto donde se resuelven en contacto los extremos de la mística y del materialismo.

Ovidio trató ya este asunto de la vegetación forzada en términos exactos, cuando al hablar de su Medea, decía :

«Con todas esas substancias y otras mil que és imposible nombrar, fabrica el filtro destinado al viejo moribundo ; después, con una rama de olivo, seca y sin hojas, agita el contenido desde el fondo hasta la superficie. Pero he ahí que, de pronto, la vieja rama agitada dentro del cazo en ebullición empieza a reverdecer, y en seguida toda ella se cubre de jugo. Y en todas partes donde el fuego hace salir espuma del cazo, al caer unas gotas ardientes sobre el suelo, se ve nacer el césped primaveral y las flores que se abren como en mitad de una hermosa pradera.»

Los alquimistas instituyeron en varias ocasiones experimentos palingenésicos. Abou

Bekre al Rhali (más conocido por Rhasés, fallecido en 942) y Alberto el Grande se ocuparon asimismo muy preferentemente de estos maravillosos fenómenos. Aun más ; de este último alquimista se llega a afirmar que hizo la descripción detallada de los *Homunculus*; y en el libro *La Obra Vegetal* de Isaac Hollandus figuran varias observaciones sobre la palingenesia.

Tan *sólo* en Paracelso hallamos algunas indicaciones más detalladas sobre las dos clases de palingenesia.

Referente a la palingenesia de las sombras, se expresa en los siguientes términos :

«De ahí se desprende que una fuerza *primi entis* (de primera entidad) se halla encerrada en una vasija y llevada a este punto, que puede dar nacimiento dentro de esta misma vasija a una forma de la misma planta y sin el socorro de una tierra ; y que cuando esta planta ha llegado al término de su crecimiento, lo que ella ha engendrado no es precisamente un *corpus* (cuerpo), toda vez que por causa primera no tuvó un *líquidum terræ*, y su yacimiento es algo que no tiene existencia más que para el ojo, una cosa que el dedo convierte en estado de jugo; no es más que un humo afectando la forma de una substancia, pero que no ofrece jamás presencia corpórea; es decir, algo inmaterial, que no es susceptible de impresionar al sentido del tacto.»

Paracelso no nos da ninguna noticia sobre la palingenesia de las sombras, sino, por el contrario, se ciñe siempre a la de los cuerpos, cuando dice:

«Coged un pájaro acabado de salir del huevo, encerrado herméticamente en una marmita y reducidlo a cenizas por medio de un fuego conveniente. Introducid en seguida el recipiente con las cenizas del pájaro en un montón de estiércol de caballo y dejadlo allí hasta que se haya formado una substancia viscosa (producida por la ceniza y los aceites empirreumáticos); colocad después dicha substancia dentro de una cáscara de huevo; cerrad ésta con gran cuidado y ponedla en incubación natural. Veréis entonces aparecer el pájaro que había sido reducido a cenizas.»

El conde Kenelm Digby (1603-1665) asegura haber reconstituído por el mismo procedimiento unos cangrejos previamente quemados, y Paracelso hace extensión para todas las especies de animales de la virtud de la palingenesia. Su contemporáneo, Cornelio Agrippa de Nettesheim, parece haber conocido también estos experimentos, porque dice : «Existe un artificio por el cual, dentro de un huevo puesto bajo una clueca, se engendra una figura humana ; tanto es así que yo en persona lo he visto y estoy dispuesto a ejecutar el experimento.» Los magos atribuyen a una figura de este género las fuerzas más maravillosas y la llaman la verdadera mandrágora. Más adelante tendremos ocasión de insistir sobre el interesante tema.

A ejemplo de su maestro, los paracelsistas se ocuparon extensamente de la palingenesia y escribieron muchísimo sobre dicho asunto. Citaremos entre ellos a Gaston de Claves *(Clavœus)*, *Quercetanus*, Pedro Boreli, Nicolás Beguín, Otto Tachenius, Daniel Sennert, A. F. Pezold, Kenelm Digby, David Van der Becke, y William Maxvell. La obra del rector de Hindelberg, Franck von Frankenau, se halla muy lejos de agotar la materia, y, desde el punto de vista experimental, se basa principalmente sobre las instrucciones, por otra parte concordantes, de Borelli, Tachenius y Van der Becke. Si mal no recuerdo, el último testimonio de prácticas palingenésicas procede de Eckartshausen, quien afirma: «Dos de nuestros amigos pudieron observar reales experimentos presentados de diferente manera. Asistieron a las manipulaciones y hasta las ejecutaron ellos mismos. Uno de ellos hizo revivir un ranúnculo, y el otro una rosa. Lo mismo hicieron con animales, y cuyas pruebas obtuvieron idéntico éxito. Y es precisamente ateniéndome a sus principios y a su sistema que yo también deseo trabajar.»

William Maxvell, el Gustavo Jœger del siglo XVII, habla de la palingenesia en varios capítulos de sus obras. Desgraciadamente lo hace siempre al estilo de su maestro Fludd, es decir, de una manera confusa y misteriosa. Al tratar de la palingenesia de las sombras se expresa ya, desde un principio, en los siguientes términos:

«Tomad—dice—una cantidad suficiente de hojas de rosa, hacedlas secar por medio del fuego, avivando éste hasta que queden reducidas a una ceniza muy blanca (cuyo resultado puede obtenerse por la simple combustión, en un crisol con calor elevado al rojo, de hojas de rosa secas). Sacad de la ceniza la sal por el sistema del agua común e introducid dicha sal en un *kolatórium* (uno de los aparatos de la química antigua; cualquier frasco con tapón esmerilado podrá hacer el mismo servicio), teniendo cuidado de obturar lo mejor posible los intersticios. Dejad el *kolatórium* al fuego durante tres meses (que en este caso no es otra cosa que el dulce calor de la digestión), enterradle en seguida en un estercolero (como ya se dijo en otros experimentos) y dejadle allí tres meses. (Es en vistas a la putrefacción que se enterraban dichas preparaciones entre el estiércol de caballo, el cual se iba renovando mientras se extinguía el calor engendrado por la podredumbre.) Al cabo de ese tiempo, retirad el recipiente y volvedlo a poner al fuego hasta que las figuras de las rosas empiecen a aparecer dentro del crisol.»

Es de esta forma, que Maxwell aconseja que se practique la palingenesia de todas las plantas y hasta la del hombre; y además, añade:

«Del mismo modo que las sales de las plantas se ven obligadas a dejar aparecer dentro de un crisol las figuras de las plantas que han preparado dichas sales, igualmente está fuera de duda que la sal de sangre (es decir, la sal que proviene de la ceniza de sangre) se halla en estado de reproducir, bajo la influencia de un calor lento, una figura humana. Y es preciso que veamos en el fondo de todo esto el verdadero homúnculo de Paracelso.»

Como contraste de esta palingenesia de las sombras, Maxvell conoce también una palingenesia de los cuerpos ; y esto prueba que de este modo sigue la «verdadera mandrágora» de Agrippa :

«Mezclad en un recipiente que no sea artificial, bien cerrado (una cáscara de huevo después de provocado el vacío por medio de aspiración), un poco de sangre con partículas las más nobles del cuerpo en proporciones convenientes, y ponedlo junto en incubación. Al cabo de un tiempo determinado, hallaréis una masa que os recordará la forma del cuerpo humano y con la cual podréis ejecutar cosas maravillosas ; en seguida veréis que un líquido grasiento como aceite, bañará todo el contorno de dicha masa. Mezclando ese líquido con vuestro propio sudor, realizaréis, por medio de un simple contacto, serias modificaciones en las percepciones de vuestros sentidos.»

David Van der Becke llama al cuerpo astral *idea seminalis* y da, con relación a la palingenesia de las plantas, las siguientes instrucciones :

«En un día sereno, recoged la semilla madura de una planta ; y después de bien molida en un mortero (una taza para pulverizar servirá igualmente), introducidla en un matraz de la misma medida que la planta, procurando que dicho matraz presente un orificio estrecho para poder ser cerrado herméticamente. Consérvese el matraz cerrado hasta que se presente un atardecer de esos que permiten esperar un abundante rocío durante la noche. Póngase en seguida la semilla en un vaso de cristal, colocando éste sobre un plato con objeto de que no se desperdicie lo más mínimo ; déjese en una pradera o en un jardín, donde se pueda impregnar bien de rocío ; y vuélvase a introducir todo en el matraz antes de salir el sol. Fíltrese después el rocío recogido y destílese el conjunto hasta la desaparición completa de las heces. Si las heces no desapareciesen del todo, calcínense y se obtendrá después de una serie de lavajes una sal que haréis disolver en el rocío destilado, después de lo cual se echará un poco del rocío destilado, hasta unos tres dedos, sobre la semilla impregnada del mismo rocío y entonces se podrá tapar herméticamente el orificio del matraz, de suerte que no se produzca la menor evaporación. Consérvese después el matraz en un sitio en el cual pueda conservar un calor moderado. Al cabo de unos días, la semilla empezará a transformarse, poco a poco, en una especie de tierra viscosa ; el alcohol de su superficie se rayará sensiblemente y en todo el contorno se formará una membrana como de tierra cenagosa y verde.

»Expóngase entonces el matraz cerrado a los rayos del sol y de la luna y, en los días lluviosos, guárdese en una habitación seca y cálida, hasta que todos los indicios demuestren que el experimento va a terminar felizmente. Si después de todas estas manipulaciones, sometéis el matraz a fuego lento, veréis aparecer la imagen de la planta correspondiente a la semilla objeto del experimento, y la veréis desaparecer cada vez que el matraz vuelva a enfriarse. Este sistema de representación de la *idea seminalis* se emplea con escasas variantes por todos cuantos practican la palingenesia.»

Van der Becke cita también la palingenesia por el sistema de la ceniza, pero sin dar instrucciones ni detalles con relación al mismo; y es de opinión que se puede por dicho procedimiento practicar con las personas que nos fueron gratas (con nuestros antepasados), una especie de necromancia lícita, siempre, naturalmente, que se hayan guardado cenizas de sus cadáveres.

Esta observación o cita de Van der Becke la hallamos bastante completada en su esencia en una obra de fines del siglo pasado, donde se dice:

«Tomad la semilla de una planta. La planta puede ser de cualquier familia vegetal mientras que se halle en su madurez y recogida bajo un cielo sereno y en horas de temperatura excelente. En un mortero de cristal se disolverán cuatro libras del grano; introdúzcase en una vasija conveniente que sea del tamaño de la planta. Ciérrese en seguida la vasija de modo que nada se pierda. Guárdese en un sitio caliente y espérese un día, por la tarde, que el cielo se presente diáfano. Al llegar la noche, colóquese al aire libre, en un campo o jardín para que se impregne de rocío, teniendo la precaución de colocar un plato bajo la vasija a fin de que se aproveche mejor; el rocío caerá sobre la semilla y le comunicará su naturaleza y su virtud. Además de esta prevención, es de aconsejar que se extiendan trapos limpios sobre el césped; trapos que, después de bien embebidos de rocío, por medio de la torsión de los mismos nos facilitarán mayor recolecta de aquella substancia, hasta poder llenar un recipiente de cristal; uno solo. En cuanto a la semilla así impregnada, habrá que introducirla en la vasija antes de la salida del sol con objeto de que el astro del día con sus rayos ardientes no reduzca el rocío a vapor. Después de esto hay que filtrar y destilar repetidamente el contenido, mientras se procurará calcinar los restos o las heces de dicho rocío para extraer de ellos la sal. Esta se disolverá junto con el rocío destilado y se añadirá a la semilla molida de la vasija hasta cubrirla por entero, e inmediatamente se cerrará herméticamente con un tapón lacrado. En seguida se procurará enterrar la vasija a dos pies de profundidad en un montón de estiércol húmedo de caballo y allí permanecerá cosa de un mes. Al sacarla de dicho sitio se observará que la semilla se ha transformado, que encima de ella hay una membrana de varios colores y pegada a ésta, una tierra viscosa; y que al mismo tiempo el rocío ha tomado, de la misma Naturaleza de la planta, una coloración verdosa.

»Durante todo el verano se expondrá la vasija, así cerrada, a los rayos del sol y, de noche, a los de la luna y las estrellas. En caso de lluvia o tiempo variable se retirará a un sitio seco y templado hasta que vuelva el buen tiempo, en cuya ocasión se expondrá nuevamente al sol y a los rayos de la luna y las estrellas. El éxito del experimento puede exigir a veces dos meses, a veces un año, según la temperatura haya sido o no propicia, pues esto depende de la atmósfera, que se requiere magnífica y cálida. He aquí los indicios del crecimiento. La materia viscosa se abulta sensiblemente; el alcohol y la membrana empiezan a disminuir de día en día, y el conjunto se contrae como una compacta masa. Se observa asimismo a través del vidrio, por efecto de los reflejos del sol un vapor sutil, cuya forma o figura, que es la misma de la planta, vaga aun en este momento aislada, y sin color, como una tela de araña. (Recordemos aquí el aspecto de tela de araña que ofrecen—suposición de muchos—los «espectros», la «Dama blanca», como se la llama, y tantas apariciones por el estilo.) Esta figura sube y baja frecuentemente, dentro de la vasija, al impulso de la energía con la cual el sol acciona sobre ella, y al de los rayos de la luna cuando ésta brilla en el cielo con todo su esplendor. Finalmente, las heces y el alcohol se transforman en una especie de ceniza blancucha, la cual, con el tiempo, da nacimiento al tallo, a la planta y a las flores con su exacto color y su idéntica figura. Si la vasija se deja enfriar, todo esto desaparece y se transforma en una masa de tierra cenagosa, para reaparecer nuevamente la maravillosa visión cuando se coloca otra vez la vasija en el fuego o se consigue calentarla suavemente por cualquier otro procedimiento. Expuesta de nuevo al frío, las figuras desaparecen y así sucesivamente. Si la vasija está bien cerrada, la aparición de dichas figuras podrá efectuarse indefinidamente.»

Esos fueron, sin duda, los procedimientos puestos en práctica por el sabio jesuíta Atanasio Kircher ante la reina Cristina de Suecia, en 1687.

Las instrucciones de Oettinger las hallamos también completas en la obra del químico J. Y. Becker, celebradísimo en su época. He ahí en qué términos se expresa la traducción alemana :

«Procuraos en tiempo conveniente una planta cualquiera, o mejor cada parte de la planta en su tiempo : la raíz en noviembre, después del desgranamiento de la semilla ; la flor, en su completo esplendor, la planta, antes de su floración. Coged de todo ello una fracción importante y hacedla secar en lugar umbrío donde no penetren los rayos del sol ni ningún otro calor. Calcínese en seguida dentro de un bote de tierra, cerrado herméticamente y extráigase la sal y el agua caliente. Introdúzcase el jugo de la raíz de la planta y de la flor en una vasija de tierra cocida y disuélvase la sal en este jugo. Después de esto, procuraos tierra virgen, es decir, tierra que no haya sido aún labrada ni sembrada, tal como se halla en las desiertas montañas. Esta tierra deberá ser roja, pura y sin mezcla ; pulverizadla y hacedla pasar por un tamiz. Se coloca, entonces, en un recipiente de cristal y se rocía bien con el expresado jugo hasta que la tierra lo haya absorbido por completo y empiece a tomar un color verdoso. Encima de este recipiente se coloca otro de un tamaño que corresponda a la altura y ancho de la planta. Los intersticios deberán obturarse completamente para que no llegue hasta la imagen de la planta la menor corriente de aire. No obstante, el recipiente deberá contener en su parte posterior un pequeño orificio al objeto de que un poco de aire pueda penetrar hasta la tierra. Seguidamente podrá exponerse a los rayos del sol o al dulce calor de un fuego lento, y al cabo de media hora veréis aparecer, en un tono gris perla la imagen de la planta.»

En el mismo pasaje, Becker comunica, además, las instrucciones siguientes :

«Macháquese en un mortero una planta

con sus raíces y sus flores; colóquese en una vasija o cualquier otro recipiente y consérvese en ella hasta que su fermentación produzca cierto suave calor. Exprímase entonces el jugo, purifíquese por medio de filtro y viértase el resultante sobre el residuo con objeto de acelerar la putrefacción, hasta que el jugo llegue a tomar el color de la planta. Exprímase nuevamente el jugo y fíltrese; colóquese luego en un alambique y hágase digerir hasta que todas las impurezas se hayan despegado y el líquido aparezca claro, puro y del color de la planta. Viértase después este líquido dentro de otro alambique y hágase destilar por medio de suave calor la parte acuosa o *flegma* y los espíritus volátiles, por encima de la vasija inferior. Quedará el sulfuro, esto es, la masa sólida, que se dejará aparte. Extráiganse luego los productos volátiles amoniacales por destilación de la flegma a fuego lento. Estos productos, menos densos que el agua, provienen de la fermentación. Déjense también aparte. Calcínese después el residuo a fuego lento y extráigase de él la sal volátil como se hizo con la parte acuosa. Dicha sal está formada por las sales amoniacales unidas a los productos ácidos de la combustión. Destílense a baño de maría la parte acuosa para sacar de ella la sal volátil y calcínese el residuo hasta que éste se vuelva blanco como la ceniza. Sobre este residuo viértase la flegma y extráigase de ella la sal fija por medio de lavaje. Fíltrense repetidamente las heces y, por la consabida evaporación, sepárese la sal purificada. Los espíritus volátiles con el azufre y los espíritus del fuego, que durante la destilación se presentan, se vierten entonces sobre la sal fija y la sal volátil y dejad que se mezcle todo ello. En lugar de la flegma se puede usar también agua de lluvia destilada y disolver, en vez de sal fija (carbonato de potasa), una sal de cualquier planta; añádase azufre, se coagula (desecación) por medio de fuego lento y se regula así la unión y la combinación de los tres principios. Introducid estos tres principios en una vasija de gran tamaño y añadid agua destilada de la misma planta o bien alcohol de rocío de mayo o de agua de lluvia; cualquiera de estos líquidos basta para el caso. Calentad a fuego lento la vasija herméticamente cerrada y veréis dentro de ella crecer la planta inmaterial con sus flores, y su visión durará tanto como dure el calor; por el contrario, desaparecerá cada vez que se enfríe la vasija, y habréis de calentarla nuevamente para que vuelva a aparecer y así indefinidamente, y ello constituye un gran milagro de la Naturaleza y del arte.»

Completarán nuestro estudio los fragmentos siguientes, extraídos de la obra *Rasgando el velo de la Magia*, por Exkartshausen:

«Dos instrucciones magnas sobre la palingenesia de los cuerpos y sobre la de las sombras también, se hallan en los manuscritos de la Rosa † Cruz de mi bisabuelo. La primera es atribuída a Alberto el Grande y figura en el *A B C de oro de los fenómenos de la Naturaleza, de Alberto el Grande*, opúsculo manuscrito, cuya traducción evidentemente estará sacada de un antiguo original latino. No sabría deciros si este opúsculo se encuentra en la gran edición Jammy de las obras de Alberto el Grande, porque dicha colección no se halla a disposición mía. No obstante, la autenticidad de origen del expresado opúsculo me parece verosímil por dos razones. Se desprende en primer lugar hasta la evidencia de las obras impresas de Alberto el Grande que este gran sabio tenía conocimiento de la palingenesia, y en segundo lugar, es muy posible, porque es cosa que sucede frecuentemente, que manuscritos que existen en realidad no son admitidos en la colección, sencillamente a causa de que el editor o coleccionador desconoce su existencia.

»Anotaremos aquí la primera de dichas instrucciones :

»Así como en determinados minerales se halla el *Spiritus Universi*, y así como de ellos puede sacarse el *Spiritum Universalem*, de la misma manera, al encontrarse dos minerales, pueden fabricar ellos mismos este *Spiritum*. Uno de ellos es una *Minera bismuthi* que deriva de las montañas ; el otro es una tierra mineral obscura que se encuentra en las minas de plata y que encierra un a modo de espíritu maravilloso que proporciona vida. Los guijarros que yacen al fondo de ciertas corrientes de agua dan asimismo su *Liquorem;* pero su virtud sólo se estima para acrecentar los metales, ya que es probado que sumergidos éstos en dicho licor aumentan de proporción.

»He aquí como se obtiene el *Spiritum* derivado del bismuto. Procuraos una *Minera bismuthi* tal como se haya cogido en la montaña; reducidla a polvo impalpable por medio de un mortero, e introducid este polvo en una retorta que taparéis luego muy bien. Colocad la retorta dentro de un gran cazo lleno de limaduras de hierro procurando que éstas la cubran por completo. Se le adapta luego un serpentín, y al cabo de cuarenta y ocho horas se extrae el *Spiritum per gradus ignis*, el cual rebosará, cayendo gota a gota como las lágrimas salen de los ojos. Sobre este punto no se previene aquí la conveniencia del agua; a la manera que se hace con el rocío que produce el *Spiritum Universi*, y que en mis escritos le llamo *spiritus roris majalis*, puede añadirse cosa de media libra de este líquido que será más conveniente. Añádase en seguida el *Spiritum bismuthi* y déjese apagar el fuego. Cuando todo esté frío, viértase el *liquorem* que habréis conseguido con la destilación, en un gran alambique y colóquese este alambique en un *Balnéum maris* (baño de maría) después de haberlo cubierto con un *Alambicum;* después, una vez bien cerrado, destílese su contenido. Así obtendréis un *spiritum* puro como el cristal, dulce como la miel; este *spiritum* es un espíritu vivo y pertenece por entero a la *Magia*.

»Este espíritu ha hecho de mí un verdadero mago; es el único espíritu activo dotado de propiedades mágicas que ha recibido de Dios las fuerzas que Él posee, ya que puede alcanzar toda clase de formas. Es *animal*, porque da vida a los *Animalia;* es *vegetal* porque da vida a los *Vegetabilia*. Por él crecen los árboles, el follaje, las hierbas, las flores, eso es, todos los *Vegetabilia;* es *mineral*, porque es el principio de todos los minerales y de todos los metales; es *astral*, porque viene de arriba a abajo, y procede de los astros, de los cuales está por consiguiente impregnado; es *universal* por cuanto fué creado desde un principio; es el Verbo porque ha salido de Dios mismo; es, por lo tanto, inteligible, perceptible y el *Primum móbile* de todas las cosas; es la pura Naturaleza, salida de la luz y del fuego, transportada después e integrada a las cosas inferiores.»

Hermes, en su famosa *Tabla de Esmeralda*, dice, refiriéndose a estas cosas, que el espíritu ha sido llevado a ellas cabalgando en el seno de los vientos. Este espíritu quita y da la vida, y con su ayuda se pueden realizar maravillas insospechadas. He ahí cómo :

«Tomad una planta, una flor o un fruto antes de que por su natural hayan madurado completamente ; racimos de uvas, peras, manzanas, cerezas, ciruelas, etc. Después de haber escogido las mejores, suspendedlas a la sombra, y lo mismo que las flores, dejad que se sequen. A vuestra voluntad, más tarde podréis obligarlas a florecer de nuevo, a reverdecer en pleno invierno y llegarán a dar nuevos frutos que madurarán y serán sabrosos y suculentos. He ahí cómo se ha de realizar el milagro : Os procuráis un recipiente de cuello estrecho y ancho de vientre en el cual habréis de verter una libra de espíritu universal ; introducid en seguida las ramas, las flores y los frutos, y cerrad herméticamente el recipiente con objeto de que no se evapore el espíritu. Al cabo de veinticuatro horas todo empezará a reverdecer y a crecer de tamaño ; los frutos madurarán, las flores revestirán sus colores y su fragancia y todo por sí solo volverá a su estado primitivo de esplendor.

»Hay que reconocer en todo esto el poder de Dios y no la obra del diablo, como afirma el ignorante obispo de Passau.

»Este espíritu del poder divino es capaz de realizar todavía otras cosas más extraordinarias, como el Padre Santo mismo lo puede justificar. Hay que alabar y rogar a Dios por todos los beneficios y milagros con que nos gratifica a los pobres seres humanos. Es una verdad, y nadie puede negarlo, que hay mucho de sobrenatural en eso de hacer revivir por medio de un espíritu las cosas muertas; lo que demuestra, por otra parte, que este espíritu tiene el poder de volver a la existencia todo lo extinguido. Tanto es así, que yo mismo, habiendo cogido un pájaro vivo y habiéndolo quemado dentro de una vasija, puse las cenizas en un recipiente (en el manuscrito se reproduce dibujado: un capitel sobre el cual se ve un alambique y dentro de éste un líquido con la cara de un niño). En otro recipiente coloqué las cenizas del cadáver en descomposición de un niño, habiendo previamente quemado al rojo la tierra del recipiente, y en otro, aun, las cenizas de una planta quemada con sus flores. Llené los recipientes de *spiritus* y dejé que la operación se terminara por ella misma. El espíritu (cuerpo astral) del niño y de la planta, desarrollado en veinticuatro horas, se presentó a mi vista en el *spiritus* con todas las apariencias de la realidad. ¿No es esto una verdadera resurrección de los seres? El espíritu (en este caso el *spiritus)* se presenta en forma por la cual podemos darnos perfecta idea del aspecto que nosotros mismos tendremos cuando seamos espíritus con cuerpos puros, es decir, transparentes y de figura distinta de la que hoy presentamos.

»Del mismo modo que el cuerpo, con el alma y el espíritu, conseguirá una nueva vida, así también nos hallaremos después de la transfiguración en estado de contemplar a Dios, ya que Él es fuerza luminosa. Quiero decir que poseo un espíritu con el cual podría distraerme algunas horas por día, pero este espíritu no es otra cosa que la representación inmaterial de la manera como resucitaremos de entre los muertos.

»En mi casa hallaron, con motivo de una información judicial, un recipiente en el cual había encerrado el *liquor* con una gota de sangre de Tomás (Tomás de Aquino, discípulo de Alberto el Grande), quien, a su vez, lleva también consigo una gota de mi sangre. Cuando deseamos saber cómo se encuentra de salud un amigo que estimamos, podemos, por dicho procedimiento, tener noticias de él día y noche. Si ese amigo ha caído enfermo, la pequeña luz dentro del recipiente, en vez de ser brillante, oscila tan sólo con débiles destellos ; si está muy grave, casi se extingue ; si se halla preso de ira o cólera, el recipiente se calienta ; si trabaja sin descanso, la luz se agita, y cuando el amigo muere, la luz se apaga y el crisol estalla. Más aun ; con este sistema se llega a la posibilidad de dirigir la palabra al amigo lejano, ya que dicho espíritu es todopoderoso, y todo proviene de ese espíritu único.»

Los paracelsistas y los Rosa † Cruces se preocuparon enormemente de esas lámparas vitales, y un tal Burggraf publicó también sobre este tema un libro especial, del cual hace referencia Van Helmont, pero que no me ha sido posible hallar en ninguna parte.

Para terminar, quiero dar aún noticia de un experimento de palingenesia que figura en el *Testamentum Fratrum Rosæ Aureœ Crucis*. Puede muy bien correr parejas con la instrucción precedente, y para un químico que disponga de un regular laboratorio, resulta un experimento muy fácil.

«Manera de preparar el *Espíritu Universal* con ayuda del rocío, de la lluvia y de la escarcha.

»Hijos míos : Que el celo de trabajar os anime desde el día de Año Nuevo. Recoged en un gran tonel escarcha, nieve, rocío y agua de lluvia en abundancia. Dejad que por ellas mismas las cosas que habéis guardado entren en descomposición y que se pudran hasta el mes de julio. Cuando la masa de tierra cenagosa deje de ser homogénea, y en su superficie se forme una capa o costra verde, entonces será señal que la fuerza de la vegetación se ha revelado. ¡ Hijos míos ! Entonces será llegada la ocasión de poneros a trabajar. Mezcladlo todo ; procurad verter en un serpentín (alambique con su serpentín) y destilad por medio del fuego lento las 100 libras por 10 libras a la vez, no más, hasta el agotamiento total de vuestra agua. Volved a echar en un serpentín y destilad nuevamente por 10 libras ese residuo de la primera destilación. Después de echado el residuo, destilad aún por 10 libras ; cuando ya no queden sino 10 libras, tomad una retorta bien sólida, capaz de soportar mucho fuego, y verted en ella esas 10 libras ; después, a fuego dulce, al calor de la misma ceniza, reducid por destilación estas 10 libras a 6 libras ; volved a introducir el *Spíritum* en una retorta ; sumergid ésta en un baño de maría y reducidla todavía a 3 libras. En este momento, o sea a la séptima destilación, se elevará un espíritu muy volátil que es como un aire puro ; mejor aun, un espíritu capaz de dar la vida, ya que si absorbéis la cantidad que cabe en una cucharadita, sentiréis en todos vuestros miembros los efectos de su mágico poder ; reanima el corazón y renueva todo el cuerpo como un espíritu benéfico. Habréis debido rectificar siete veces este espíritu para llegar a conseguir el éxito definitivo. Podéis entonces utilizarlo para diferentes usos y para conseguir verdaderos milagros, porque este espíritu despierta todas las cosas y las llama a la vida.

»Ahora tomad las cenizas de una planta, de una flor y de una raíz, o bien las cenizas de un animal, pájaro o lagarto, o bien las cenizas del cadáver en descomposición de un niño; quemadlas al rojo, introducidlas en una vasija grande de cristal; verted encima ese espíritu maravilloso que vivifica, de modo que cubra bien toda la materia y cerrad herméticamente la vasija, que colocaréis en sitio cálido. Al cabo de tres veces veinticuatro horas, la planta aparecerá con sus flores; el animal o el niño con todos sus miembros, resultados que algunos utilizan para vastos experimentos. Estos seres son, no obstante, criaturas puramente espirituales, ya que al agitar o enfriar la vasija no tardan en desaparecer. Si se deja el recipiente en reposo, vuelven a aparecer, lo cual resulta un espectáculo maravilloso digno de admirarse; un espectáculo que nos permite asistir a la resurrección de los muertos, y nos muestra como todas las cosas en la Naturaleza volverán a tener figura después de la resurrección universal.

»¡Hijo mío! Ahora es una flor seca, ajada, una pequeña rama, un manojo de hierba o un racimo de uva que he cortado con sus hojas y su tallo para dejarlos pudrir a la sombra ; es también un puñado de frutas no del todo maduras. Pues bien ; siempre que he querido que mis discípulos viesen la maravilla, no he hecho más que meter esos pedazos de Naturaleza en un recipiente y he echado encima la cantidad de espíritu necesaria. Es preciso que el recipiente sea ancho de vientre y estrecho de cuello. Este recipiente lo he cerrado herméticamente con lacre y lo he dejado en reposo durante veinticuatro horas. Al cabo de este tiempo todo ha empezado a reverdecer y a florecer, al punto de que los frutos han vuelto a tomar vida en mitad del invierno y han madurado perfectamente después de tres o cuatro días con sus noches ; han madurado y han resultado de un gusto exquisito. He podido decir que los había recibido de tal o tal otro país, sobre todo a los que se hallan en la absoluta ignorancia de tales experimentos.

»¡ Hijo mío ! Yo he puesto, finalmente, un poco de ese espíritu en un pequeño frasco, añadiendo algunas gotas de mi propia sangre o de la sangre de un amigo querido.

He cerrado sólidamente el frasco; y desde aquel punto he podido constantemente tener conocimiento de cómo se hallaba de salud *mi amigo*, de si vivía dichoso o infeliz; porque dentro del frasco se presenta a todas horas su personalidad con todas sus características y de una manera exacta que no da lugar a dudas. Si el amigo vive dichoso, la claridad más pura reina en el frasco y todo se muestra vivo a su alrededor; si al amigo le acecha algún peligro, todo se ve empañado y triste dentro del frasco; si se ha puesto enfermo, la obscuridad más densa y más extraña agitación reinan en él; si el amigo muere de muerte natural, una sombra cenicienta se agita en el frasco; si muere violentamente, el frasco estalla. Así, de esta manera, es como con la ayuda de ese espíritu que proporciona la vida, se pueden obtener innumerables maravillas.»

* * *

Como hemos visto, se ocuparon de la Palingenesia (del griego *palin*, nuevo, y *génesis*, nacimiento), los hombres más notables de la antigüedad: Platón, Séneca, Avicena, Averroes, Alberto el Grande, Agippa,

Cardano, Raimundo Lulio, Kircher y otros muchos. En épocas más cercanas se ocuparon igualmente de materia tan trascendental sabios de todas las naciones: Eckartshausen, Maxwell, Franck von Frankenau Otto Tachenius, Kenelm Digby, David Van der Becke, Schopenhauer, Luis Figuier y muchísimos más.

H. P. Blavatsky, maestra en Ocultismo, registra en su *Glosario Teosófico* el nombre de Gaffarillus, con los siguientes datos: «Gaffarillus. Alquimista y filósofo que vivió a mediados del siglo XVII. Es el primer filósofo conocido que sostuvo que todo objeto natural (plantas, criaturas vivientes, etc.), después de quemado, conservaba su forma en sus cenizas, y que dicha forma se podía hacer surgir de ellas otra vez. Este fenómeno fué comprobado por el eminente químico Du Chesne; después de él el Padre Kircher, Digby y Vallemont se han cerciorado del hecho, demostrando que las formas astrales de plantas quemadas podían hacerse renacer de sus cenizas.»

A pesar de lo expuesto, a algunos de nuestros lectores, poco familiarizados con las teorías ocultistas, se les hará difícil aceptar la realidad de la Palingenesia, y la considerarán como una de tantas creencias erróneas de los pasados siglos, de las que hoy día ya nadie hace caso. Sin embargo, no es así. Sabios contemporáneos, de solvencia científica universalmente reconocida, tratan de los maravillosos fenómenos de la Palingenesia de las plantas y de los animales, y lo hacen en términos de afirmación unos y de posibilidad otros (*).

Franz Hartmann, el eminente teósofo, se expresa así, sobre tan interesante materia :

«Si una cosa pierde su substancia material, queda, no obstante, la forma invisible en la Luz de la Naturaleza (Luz Astral) ; y si podemos revestir dicha forma con materia visible, podemos hacerla visible otra vez. Toda materia está compuesta de tres elementos conocidos en alquimia con los nombres de *azufre*, *mercurio* y *sal*. Por medios alquímicos nos es posible crear una atracción magnética en la forma astral, de

(*) Así ha ocurrido con la *Alquimia* y parece no muy lejano el día que ocurrirá lo propio con la *Astrología*. La *Rabdomancia*, vista con desdén desde muchos siglos, ha sido aceptada hoy, sin reserva alguna, por la ciencia moderna, que ha substituído el nombre antiguo por el de *Rabdología*.

modo que pueda atraer de los elementos (el *Akâza)* los principios que tenía antes de su modificación e incorporarlos y hacerla visible de nuevo. El cuerpo astral de una forma individual permanece con los restos de esta última hasta que dichos restos han sido completamente descompuestos, y por ciertos métodos conocidos de los alquimistas, puede ser revestida de materia y hacerse de nuevo visible.»

El Dr. Gustavo Geley, director del «Instituto Metapsíquico Internacional», el que, con su deslumbrante obra *La Ectoplasmia y la Clarividencia,* ha despertado un interés extraordinario en el mundo científico sobre las cuestiones más inquietantes del Ocultismo trascendental, ha escrito también algo sobre la Palingenesia. Suyas son las siguientes palabras que constituyen una afirmación rotunda:

«La Palingenesia suprime todas las dificultades opuestas al idealismo por el materialismo; todas las objeciones hechas, en nombre de la lógica, a la noción de la supervivencia.»

TERCERA PARTE

ELEMENTOS DE ASTROLOGÍA

Terminaremos nuestro modesto ensayo sobre las plantas mágicas con unas breves palabras referentes a las correspondencias astrológicas, con el fin de orientar a aquellos de nuestros lectores que desconozcan lo más elemental de la Astrología.

Tanto los planetas como las doce constelaciones del Zodíaco tienen analogía con la vida animal y vegetal de nuestro pequeño mundo. La influencia que ejercen los astros en nosotros ha sido harto reconocida y patentemente demostrada por los sabios más eminentes de todos los tiempos y de todos los países, por lo cual creemos inútil repetir aquí cuanto se ha escrito sobre la materia para probar nuevamente la realidad de la Astrología.

Seremos, pues, breves, limitándonos a señalar lo más preciso, lo más esencial.

Los signos del Zodíaco. Se llama Zodíaco a una faja o zona imaginaria en la cual se hallan las doce constelaciones que recorre aparentemente el Sol, durante un año, alrededor de la Tierra, y se llaman por este motivo «signos del Zodíaco».

He aquí, a continuación, los símbolos y los nombres de dichos signos y sus influencias sobre el cuerpo humano:

♈ Aries. . . .	La cabeza.
♉ Tauro. . . .	El cuello.
♊ Géminis . .	Los brazos y las espaldas.
♋ Cáncer . . .	El estómago.
♌ Leo.	El corazón.
♍ Virgo. . . .	El vientre.
♎ Libra. . . .	Los riñones y nalgas.
♏ Escorpio . .	Los órganos sexuales.
♐ Sagitario . .	Los muslos.
♑ Capricornio.	Las rodillas.
♒ Acuario. . .	Las piernas.
♓ Piscis. . . .	Los pies.

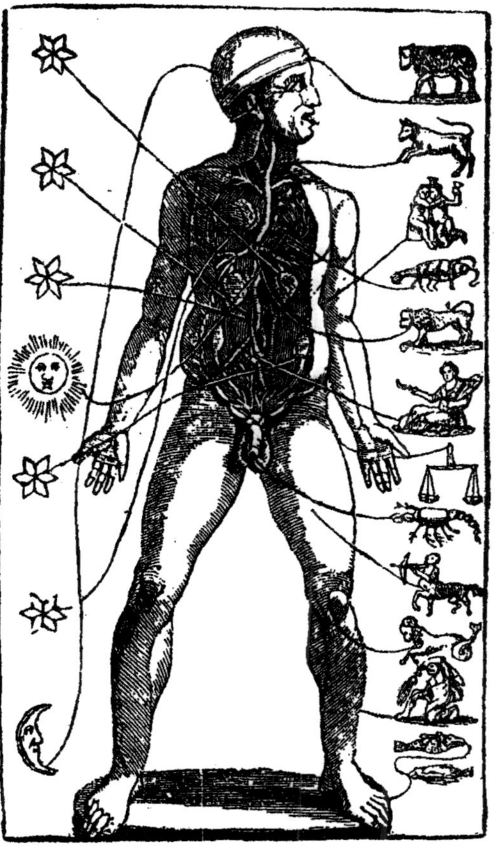

INFLUENCIAS PLANETARIAS Y ZODIACALES

Aries. Domina en el cielo desde el 22 de marzo hasta el 21 de abril.

Tauro. Domina en el cielo desde el 22 de abril hasta el 21 de mayo.

Géminis. Domina en el cielo desde el 22 de mayo hasta el 21 de junio.

Cáncer. Domina en el cielo desde el 22 de junio hasta el 21 de julio.

Leo. Domina en el cielo desde el 22 de julio hasta el 21 de agosto.

Virgo. Domina en el cielo desde el 22 de agosto hasta el 21 de septiembre.

Libra. Domina en el cielo desde el 22 de septiembre hasta el 21 de octubre.

Escorpio. Domina en el cielo desde el 22 de octubre hasta el 21 de noviembre.

Sagitario. Domina en el cielo desde el 22 de noviembre hasta el 21 de diciembre.

Capricornio. Domina en el cielo desde el 22 de diciembre hasta el 21 de enero.

Acuario. Domina en el cielo desde el 22 de enero hasta el 21 de febrero.

Piscis. Domina en el cielo desde el 22 de febrero hasta el 21 de marzo.

LOS SIETE PLANETAS. Según la Astrología primitiva los planetas que tienen influencia sobre la Tierra (en los tres reinos de la Naturaleza: animal, vegetal y mineral) son siete y corresponden a los siete días de la semana.

He aquí la tabla planetaria con sus signos astrológicos, sus nombres, sus días de la semana y sus colores emblemáticos:

☽	Luna.	Lunes	Blanco.
♂	Marte	Martes. . . .	Rojo.
☿	Mercurio. . .	Miércoles. . .	Violeta.
♃	Júpiter . . .	Jueves. . . .	Azul.
♀	Venus	Viernes . . .	Verde.
♄	Saturno . . .	Sábado. . . .	Negro.
☉	Sol.	Domingo. . .	Amarillo.

Horas planetarias. Para obtener un éxito feliz en cualquier operación, sea mágica o alquímica, debe tenerse en cuenta el horario astrológico, pues si se emprende al azar, el fracaso será absoluto.

Las horas astrológicas se dividen en diurnas y nocturnas, y cambian todos los días. Véase la sinopsis siguiente:

DOMINGO

Horas diurnas:

1.ª, Sol; 2.ª, Venus; 3.ª, Mercurio; 4.ª, Luna; 5.ª, Saturno; 6.ª, Júpiter; 7.ª, Marte; 8.ª, Sol; 9.ª, Venus; 10.ª; Mercurio; 11.ª, Luna; 12.ª, Saturno.

Horas nocturnas:

1.ª, Júpiter; 2.ª, Marte; 3.ª, Sol; 4.ª, Venus; 5.ª, Mercurio; 6.ª, Luna; 7.ª, Saturno; 8.ª, Júpiter; 9.ª, Marte; 10.ª, Sol; 11.ª, Venus; 12.ª, Mercurio.

LUNES

Horas diurnas:

1.ª, Luna; 2.ª, Saturno; 3.ª, Júpiter; 4.ª, Marte; 5.ª, Sol; 6.ª, Venus; 7.ª, Mercurio; 8.ª, Luna; 9.ª, Saturno; 10.ª, Júpiter; 11.ª, Marte; 12.ª, Sol.

Horas nocturnas:

1.ª, Venus; 2.ª, Mercurio; 3.ª, Luna; 4.ª, Saturno; 5.ª, Júpiter; 6.ª, Marte; 7.ª, Sol; 8.ª, Venus; 9.ª, Mercurio; 10.ª, Luna; 11.ª, Saturno; 12.ª, Júpiter.

MARTES

Horas diurnas:

1.ª, Marte; 2.ª, Sol; 3.ª, Venus; 4.ª, Mercurio; 5.ª, Luna; 6.ª, Saturno; 7.ª, Júpiter; 8.ª, Marte; 9.ª, Sol; 10.ª, Venus; 11.ª, Mercurio; 12.ª, Luna.

Horas nocturnas:

1.ª, Saturno; 2.ª, Júpiter; 3.ª, Marte; 4.ª, Sol; 5.ª, Venus; 6.ª, Mercurio; 7.ª, Luna; 8.ª, Saturno; 9.ª, Júpiter; 10.ª, Marte; 11.ª, Sol; 12.ª, Venus.

MIÉRCOLES

Horas diurnas:

1.ª, Mercurio; 2.ª, Luna; 3.ª Saturno; 4.ª, Júpiter; 5.ª, Marte; 6.ª, Sol; 7.ª, Venus; 8.ª, Mercurio; 9.ª, Luna; 10.ª, Saturno; 11.ª, Júpiter; 12.ª, Marte.

Horas nocturnas:

1.ª, Sol; 2.ª, Venus; 3.ª, Mercurio; 4.ª, Luna; 5.ª, Saturno; 6.ª, Júpiter; 7.ª, Marte; 8.ª, Sol; 9.ª, Venus; 10.ª, Mercurio; 11.ª, Luna; 12.ª, Saturno.

JUEVES

Horas diurnas:

1.ª, Júpiter; 2.ª, Marte; 3.ª, Sol; 4.ª. Venus; 5.ª, Mercurio; 6.ª, Luna; 7.ª, Saturno; 8.ª, Júpiter; 9.ª, Marte; 10.ª, Sol; 11.ª, Venus; 12.ª, Mercurio.

Horas nocturnas:

1.ª, Luna; 2.ª, Saturno; 3.ª, Júpiter; 4.ª, Marte; 5.ª, Sol; 6.ª, Venus; 7.ª, Mercurio; 8.ª, Luna; 9.ª, Saturno; 10.ª, Júpiter; 11.ª, Marte; 12.ª, Sol.

VIERNES

Horas diurnas:

1.ª, Venus; 2.ª, Mercurio; 3.ª, Luna; 4.ª, Saturno; 5.ª, Júpiter; 6.ª, Marte; 7.ª, Sol; 8.ª, Venus; 9.ª, Mercurio; 10.ª, Luna; 11.ª, Saturno; 12.ª, Júpiter.

Horas nocturnas:

1.ª, Marte; 2.ª, Sol; 3.ª, Venus; 4.ª, Mercurio; 5.ª, Luna; 6.ª, Saturno; 7.ª, Júpiter; 8.ª, Marte; 9.ª, Sol; 10.ª, Venus; 11.ª, Mercurio; 12.ª, Luna.

SÁBADO

Horas diurnas:

1.ª, Saturno; 2.ª, Júpiter; 3.ª, Marte; 4.ª, Sol; 5.ª, Venus; 6.ª, Mercurio; 7.ª, Luna; 8.ª, Saturno; 9.ª, Júpiter; 10.ª, Marte; 11.ª, Sol; 12.ª, Venus.

Horas nocturnas:

1.ª, Mercurio; 2.ª, Luna; 3.ª, Saturno; 4.ª, Júpiter; 5.ª, Marte; 6.ª, Sol; 7.ª, Venus; 8.ª, Mercurio; 9.ª, Luna; 10.ª, Saturno; 11.ª, Júpiter; 12.ª, Marte.

Con estos ligeros apuntes de Astrología que acabamos de transcribir, el estudiante ocultista podrá utilizar las enseñanzas que se dan en el pequeño diccionario de Botánica Oculta que insertamos a continuación.

PEQUEÑO DICCIONARIO

DE

BOTÁNICA OCULTA

En este brevísimo diccionario de Botánica Oculta inscribimos el nombre de algunas plantas con su denominación vulgar, pero acompañada de la científica, esto es, en latín, con el objeto de evitar errores, pues sabido es que una misma planta suele ser conocida con diferentes nombres. Por lo tanto, con la denominación latina pueden, lo mismo en España que en América y que en cualquier punto del globo, conocer exactamente la planta que describimos, pues para ello basta consultar una Botánica corriente.

Anotamos también en este pequeño diccionario, aunque muy brevemente, los usos medicinales que nos enseña la ciencia oficial, y a continuación nos ocupamos de sus virtudes mágicas, según la ciencia oculta.

Por último registramos, algunas veces y a título de curiosidad, las creencias y prácticas supersticiosas sobre las plantas que tan pródigamente nos ofrece el ancho campo del folklore.

Hemos precedido la publicación de este diccionario de unas breves notas astrológicas para que el profano sepa a punto fijo la hora conveniente en que ha de cogerse una planta, cuando se trata de utilizarla en alguna operación mágica. Si bien esta condición es absolutamente indispensable en el citado caso, puede prescindirse de ella cuando se trata de utilizar las plantas en Terapéutica. Con todo, hemos de hacer constar que los médicos de la antigüedad recetaban teniendo en cuenta las influencias planetarias. Todavía, a principios del siglo pasado, había médicos que no purgaban ni sangraban a sus enfermos sin antes consultar la influencia de la luna y si el signo zodiacal no les era favorable.

RELACIÓN DE LOS AUTORES CONSULTADOS PARA LA REDACCIÓN DEL PRESENTE DICCIONARIO: AGRIPPA · ALBERTO EL GRANDE · DIOSCÓRIDES Y EL DIVINO PARACELSO

Abrótano *(Abrótanum)*. Planta parecida al ajenjo. Es antihelmíntica, estomacal y estimulante. Se recomienda para provocar el flujo menstrual, y es excelente para facilitar los partos. *Botánica oculta:* Cálido y seco. *Luna.* Se coge a principios de abril o bajo el signo de *Escorpio.*

Acacia *(Acacia)*. Árbol sagrado de los egipcios. En la francmasonería simboliza la inmortalidad del alma. En el grado Rosa † Cruz y en diversos ritos masónicos, se enseña que la Acacia recuerda que era de esta madera la cruz en que murió el Divino Maestro. *Botánica oculta.* El jugo de dicho fruto, cogido a la hora planetaria correspondiente, se mezcla en las tintas que sirven para dibujar los talismanes sobre pergamino. Planeta : *Mercurio.*

Acanto *(Acanthus mollis)*. Planta perenne. Sus hojas, llenas de jugo mucilaginoso, son aperitivas, emolientes y muy eficaces para curar toda clase de quemaduras. Desconocemos sus propiedades mágicas, si las tiene. Planeta : *Marte.*

Acedera *(Rumex acetosa).* Es depurativa y refrescante. La raíz, cortada en pedacitos y puestos en un fuerte vinagre blanco, durante cuarenta y ocho horas, es un excelente remedio contra las erupciones cutáneas. Se emplea en lociones. El jugo de esta planta, recientemente extraído, se emplea con éxito aplicándole sobre las úlceras pútridas y gangrenosas, recubriéndolas luego con algodón hidrófilo, que se sujeta mediante un vendaje.

Acónito *(Acónitum napellus).* Los profanos no deben hacer uso de esa planta en materia medicinal, pues ofrece graves peligros. *Botánica oculta:* Es fría y seca. Se emplea (mezclada con ruda, azafrán y áloes), en fumigaciones para alejar a los malos espíritus. Es una de las doce plantas de los Rosacruces. Los griegos decían que esta planta había nacido de la espuma de Cerbero, cuando Hércules lo sacó de los infiernos. Se le atribuye la virtud de hacer renacer el pelo. Planeta : *Saturno.* Signo zodiacal : *Capricornio.*

Achicoria *(Chicorium Intibus)*. Cálida y seca. Es depurativa y laxante. Contra las digestiones lentas : Háganse hervir 20 gramos de hojas tiernas de achicoria en un litro de agua ; déjese enfriar lentamente y cuélese. Se tomará una taza después de cada comida. Con su uso prolongado se curan los cólicos hepáticos. *Botánica oculta:* Puestos de rodillas ante esta planta, el día de San Juan Bautista, antes de salir el sol, se arranca pausadamente, pronunciando en voz baja, por tres veces, la palabra sagrada *Tetragrámmaton.* Se la lleva uno a casa y se tiene guardada, bien envuelta en paños blancos y limpios. Con esto se obtiene un poderoso amuleto contra todas las acechanzas diabólicas, contra toda clase de hechizos. De esta bienhechora influencia participarán todos cuantos habiten la casa en donde se guarde dicho amuleto.

Agárico *(Polyporus officinalis)*. Género de hongos que nace en el tronco de varios árboles. Es vermífugo, pectoral y emenagogo. Es, además, un purgante que produce cólicos muy violentos. Desconocemos sus propiedades mágicas. Es cálido, entre seco y húmedo. Planeta : *Luna.*

Agnocasto *(Agnus castus)*. Paracelso llamó a esta planta zatanea, y empleaba sus granos en infusión para curar «los ardores de la carne». Sus propiedades anafrodisíacas eran ya conocidas de los atenienses, los cuales ponían esta planta en sus lechos con objeto de conservar la continencia. Planeta : *Saturno*. Signo zodiacal : *Cáncer*.

Agrimonia *(Agrimonia eupatoria)*. Fría y seca. Es vermífuga ; sus hojas son astringentes, curan las anginas, las nefritis, los flujos leucorreicos, la debilidad de la vejiga. En loción es muy buena contra las cataratas, las luxaciones, las heridas. Es eficaz contra las picaduras de serpientes. *Botánica oculta:* Las hojas de esta planta, colocadas sobre la cabeza de una persona dormida, privan su despertar.

Ajenjo *(Artemisa absinthyum)*. Es vermífuga y febrífuga. Produce insomnios y alucinaciones terroríficas en las personas muy nerviosas. *Botánica oculta:* Receptáculo del astral inferior. Sus flores, secas y quemadas, se emplean como poderoso perfume en las evocaciones infernales. Planeta : *Marte*. Signo zodiacal : *Capricornio*.

Ajos *(Allium sátivum)*. Los egipcios hacían grandes honores a estos bulbos ; los griegos, sin embargo, prohibían la entrada en el templo al que había comido ajos. La acción de estos bulbos, por lo que respecta a los efectos medicamentosos, ha sido apreciada en todas las épocas. Son antihelmínticos, estimulantes, antirreumáticos y expectorantes ; corrigen la menstruación ; son buenos contra la hidropesía y el mal de piedra. Se emplean también con éxito contra las bronquitis. Aplicados directamente, o sea sin la gasa que contacta con la piel, son un excelente callicida, y sirven igualmente para combatir la sarna y la tiña. Se recomienda el empleo de los ajos para combatir la rabia. He aquí cómo : Se da de comer al atacado de hidrofobia tanta cantidad de ajos como pueda tolerar, sometiéndole luego a un verdadero baño de vapor para que se provoque en su organismo un sudor lo más abundante como sea posible. Paracelso atestigua haber curado por este procedimiento muchos enfermos atacados de esta terrible dolencia. *Botánica oculta:* Para preservarse de todo maleficio, se cogen siete ajos a la hora de *Saturno*, se ensartan en un cordelito de cáñamo y se llevan suspendidos en el cuello durante siete sábados, y se quedará libre de hechizos para toda la vida. Para alejar los pájaros de un árbol, basta untar las ramas con ajo. Si se desean ajos inodoros, no hay más que plantarlos y cogerlos cuando la luna no se halla sobre nuestro horizonte.

Alcachofa *(Scolymus)*. Algo afrodisíaca. La raíz o el grano, cogidos cuando el *Sol* entra en el quinto grado de la constelación *Libra* curan los flujos de sangre y los dolores de vientre. El agua de la pelusa interior es excelente para conservar el cabello. *Marte* en *Escorpio*.

Alhova *(Trigonella fénum grécum)*. La harina de sus semillas, aplicada en cataplasmas, es un remedio eficaz para resolver las hinchazones y las inflamaciones.

Aliso *(Bêtula nigra)*. Ofrece esta planta la circunstancia de que en cuanto la atmósfera se dispone para la lluvia, sus hojas del envés se vuelven blancas, siendo un perfecto barómetro natural. *Botánica oculta:* El carbón de esta madera se emplea para trazar los círculos mágicos en las evocaciones diabólicas.

Áloes *(Aloe socotrina)*. Género de plantas liliáceas ; de sus hojas se extrae un jugo que se convierte en masas quebradizas, de un color de algarroba ; producto conocido vulgarmente con el nombre de acíbar ; produce excelentes efectos cuando se administra con acierto. Como aperitivo se dosifica entre cinco a diez centigramos. Como purgante está comprendida la dosis entre diez centigramos a un gramo y medio, según la edad del que ha de tomarlo. Para los niños, es siempre un mal purgante. Tampoco deben tomarlo las mujeres durante el embarazo. Tomado a dosis de medio gramo y cursado durante cierto tiempo, provoca la evacuación menstrual. Las lociones de jugo de áloes con vinagre, evitan la caída del cabello. *Botánica oculta:* El áloes en polvo mezclado con incienso se emplea como perfume para atraer las influencias de Júpiter.

Angélica *(Archangélica officinalis)*. Llamada hierba del Espíritu Santo. Su raíz es tónica y estimulante ; se emplea con éxito en la debilidad de los órganos digestivos. En general, tiene propiedades antiespasmódicas, anticólicas, carminativas y estomacales. *Botánica oculta:* Buena para preservarse de alucinaciones; contraria a la fascinación; puesta en el cuello de los niños les defiende de toda clase de embrujamiento. Las hojas, cogidas a la hora de *Saturno*, son buenas para curar la gota; la raíz, arrancada a las horas del *Sol* o de *Marte*, bajo el signo de *Leo*, cura la gangrena y las mordeduras venenosas. Se coge a fines de agosto. *Leo* y *Acuario*.

Anís verde *(Pimpinella anisum)*. Los frutos de esta planta activan el trabajo del estómago y de los intestinos; es, además, diurética y atemperante. Se usa en infusión poniendo a calentar hasta la ebullición 10 gramos de sus frutos en un litro de agua. Tápese bien, déjese enfriar y cuélese. Para combatir los cólicos de las criaturas de pecho, la nodriza debe tomar una tacita cada tres horas. En lociones, mejora la vista; en infusión con vino y azafrán, cura las oftalmías; en fragmentos macerados en agua e introducidos en las fosas nasales cura las úlceras de la nariz. *Botánica oculta:* No le conocemos propiedades mágicas. Sus propiedades curativas son más eficaces si se coge dicha planta a la hora de *Mercurio* bajo las constelaciones *Géminis* o *Virgo*.

Apio *(Apio graveolens)*. Los granos de esta planta son digestivos y muy eficaces contra los flatos. Sus raíces son diuréticas y aperitivas. La infusión de esta planta (200 gramos en un litro de agua) es un buen remedio para hacer disminuir la leche de las madres. Dosis : Una tacita cada tres horas. *Botánica oculta:* Planta sagrada entre los griegos ; se utilizaba en muchas ceremonias fúnebres. Desconocemos sus virtudes mágicas.

Aristoloquia *(Aristolochia)*. Es pulmonar, diurética, emenagoga, detersiva y vulneraria. Favorece la expulsión de las secundinas y cura los flujos uterinos. En lociones con vino cura la sarna y deseca toda clase de llagas. *Botánica oculta:* El humo de sus granos calma a los epilépticos, a los posesos y desata el *nudo de la agujeta* (*).

Árnica *(Árnica montana)*. Se recomienda para despejar la cabeza en los atontamientos transitorios. Da excelentes resultados en los catarros pulmonares crónicos, sin fiebre, de los viejos y en las retenciones de orina por parálisis de la vejiga. Es un

(*) Así se designa el hechizo que impide al hombre realizar el acto sexual con determinada mujer.

remedio externo muy popular contra los golpes y caídas como resolutivo, pero debe diluirse la tintura en agua y no emplearla pura. En algunos casos, cuando la contusión es fuerte y no hay rasguño, puede emplearse sola o bien con muy poca agua. *Botánica oculta:* Es una de las doce plantas de los antiguos Rosacruces. *Sol.*

Artemisa *(Artemisa vulgaris).* De esta planta, llamada hierba de San Juan, se emplean las hojas, raíces y flores. Es emenagoga, estimulante y tónica. Se emplea con éxito contra la epilepsia. Hervida con vino y tomada a pequeñas dosis, evita los abortos ; está indicadísima para provocar la menstruación. *Botánica oculta:* Era una de las doce plantas de la antigua Rosa † Cruz. Cogida el día de San Juan, si se la suspende del tronco de un roble, en mitad de un campo, éste se volverá fértil. En defecto de ese día, puede cogerse cualquier viernes antes de salir el sol. Cogida esta planta por la noche constituye un poderoso amuleto contra toda clase de sortilegios. Quemada como sahumerio en la habitación de dormir, desata la ligadura *de la agujeta.* En Alemania, por la mañana del día de San

Juan, fabrican coronas de artemisa y las llevan junto a las hogueras, guardándolas después como preservativos de embrujamiento. En la floresta normanda la cogen durante la verbena de San Juan, para destruir los maleficios que privan de dar leche a las vacas. En Austria, ni el diablo ni los brujos tienen ningún poder sobre los que llevan encima dicha planta. Igualmente, un ramo colocado en la puerta de una casa, evita el embrujamiento de la misma. En la Alemania meridional y en Bohemia, fabrican, durante la verbena de San Juan, una especie de coronas con esta planta, para colocarlas después junto a una imagen del santo evangelista, al cual iluminan con una o tres lamparillas. Así se ven preservados de hechizos por todo el año. Desparramando sus hojas sobre un campo, en el momento de la siembra, lo preserva del granizo y de la piedra. Con las hojas y flores de esta planta se hacen perfumes contra los espíritus guardianes de tesoros y contra los demonios.

Atanasia *(Tanacétum vulgare)*. La infusión de sumidades floridas corrige los desarreglos mensuales. Dosis diaria : 8 gramos.

Avellano *(Hamamelis virgínica).* Planta llamada por el vulgo Avellano de la hechicera. Tiene muchas aplicaciones terapéuticas. Una de las propiedades más notables del avellano es la de ser antihemorroidal. He aquí cómo se prepara la pomada para curar las almorranas: Manteca sin sal, 100 gramos. Tintura de Hamamelis, 10 gramos. Incorpórese homogéneamente en un mortero. Uso: Tres aplicaciones al día. La tintura de Hamamelis se obtiene de la manera siguiente: Alcohol de 90°, 100 gramos. Trocitos de avellano (corteza y hojas frescas), 20 gramos. Téngase veinte días en maceración, fíltrese y envásese. *Botánica oculta:* La varita adivinatoria se hace de avellano silvestre, cortando una rama a la salida del sol, cualquier día, mes de junio. Hay tratados de magia adivinatoria que recomiendan sea cortada en luna llena, pero también dentro del mes de junio. La manera de servirse de esta varita es la siguiente: Se coge una rama ahorquillada de avellano, de pie y medio de longitud, del grueso de un dedo y que no tenga más de un año. Se toma por los extremos, uno en cada mano, sin apretar, de modo que el dorso mire hacia el suelo y que el vértice de la varita mire hacia delante. Entonces se anda despacio por los parajes donde se supone que hay agua, metales o dinero escondido. Hay otro modo de servirse de la varita, el cual consiste en llevarla en equilibrio sobre el dorso de la mano y andar lentamente, y al pasar por encima de un manantial, empezará a dar vueltas. El Padre Kircher se expresa de una manera distinta : Se coge un renuevo de avellano (no exige sea silvestre) bien derecho y sin nudos, se corta en dos pedazos iguales, se agujerea el extremo de uno de ellos, formando un pequeño hueco, y se corta el extremo del otro en forma de punta, de modo que el extremo del uno penetre en el del otro. Se lleva en esta posición hacia adelante, sosteniéndolo entre los dedos índices. Cuando se pasa por encima de hilos de agua o de venas metálicas, la varita oscila marcadamente. Planeta : *Mercurio.*

Avena *(Avena sativa).* Contra los reumatismos : Cataplasmas calientes preparados con vino. Contra la hidropesía : Semillas reducidas a polvo, 25 gramos ; agua, 250 gramos. Hiérvase por espacio de quince minutos, déjese enfriar un momento y cuélese a través de un capuchón de estameña. Se tomarán cuatro tazas diarias, durante largo tiempo. Es, además, un excelente diurético, pues se puede propinar a enfermos muy debilitados sin temor a extenuarlos. Contra las llagas pútridas : Cataplasma caliente compuesta de 5 gramos de levadura de cerveza y 100 gramos de harina de avena. Para curar la sarna : Hay que echarse desnudo sobre un campo de avena, frotándose la piel con un puñado de tallos de la misma planta, mojados en agua de fuente. Dejando secar después la piel por su natural debajo de un árbol, irá desapareciendo la sarna. Desconocemos sus propiedades mágicas. Planetas : *Sol* y *Luna*.

Azafrán *(Crocus sativus)*. Tiene muchas propiedades curativas, pero no puede recomendarse su empleo a los profanos en el arte de curar. *Botánica oculta:* Se utiliza en hechizos y en perfumes mágicos. Se coge cuando el *Sol* está en *Leo* o en *Piscis* o cuando la *Luna* está en *Cáncer*.

Bardana *(Lappa major)*. Fría y seca. Obra sobre las enfermedades de la piel, úlceras, gota y sífilis. Da excelentes resultados en los cálculos del riñón y la vejiga, como también en los cólicos hepáticos. Las hojas, aplicadas en cocimiento, son un remedio notable contra la tiña. Se usa en infusión : 25 gramos en un litro de agua. Desconocemos sus propiedades mágicas.

Beleño negro *(Hyosciamus niger)*. Cálido y seco. Tiene muchos usos en medicina, pero sólo anotaremos unos pocos, por ser una planta algo peligrosa, por lo cual deben emplearla sólo los médicos. He aquí un aceite excelente para la curación del reumatismo articular y las neuralgias : Póngase al baño maría 25 gramos de hojas tiernas de beleño negro en un litro de un buen aceite de olivas, y déjese hasta que se evapore el agua de vegetación del material. Se aplica sobre la parte enferma, cubriéndola con un lienzo de lana, sujetado con una venda. Las semillas de esta planta se utilizan en sahumerio para calmar el dolor de muelas y curar los sabañones. El olor del beleño negro, respirado por algún tiempo, produce un profundo estupor. *Botánica oculta:* El humo de sus semillas, cogidas y quemadas a la hora de *Saturno*, provoca riñas, discusiones violentas. Brujos malvados aprovechan las propiedades maléficas del beleño negro para producir la locura y, a veces, la muerte, obrando a distancia y con toda impunidad. Esta planta forma parte de la pomada con que se untaban las brujas para asistir al aquelarre. Esta receta infernal vale más que permanezca ignorada. Únicamente ha sido publicada en el libro *Páctum*, afortunadamente hoy rarísimo.

Belladona *(Atropa belladona)*. Fría y húmeda. Esta planta es muy activa y, como el Acónito y el Beleño, su empleo debe ser dirigido por un médico. *Botánica oculta:* Tiene propiedades muy semejantes al beleño y es otra de las varias plantas que entran en la composición de la pomada de las brujas. Sus hojas secas y trituradas mezcladas con azafrán y alcanfor constituyen un perfume mágico para ahuyentar las larvas del astral. *Saturno. Venus. Escorpio.*

Betónica *(Betónica officinalis)*. Tomada al interior, produce abundantes evacuaciones. Exteriormente, se aplica con éxito en las úlceras varicosas y en las llagas infectadas. Se emplea en cocimiento : 100 gramos en un litro de agua. *Botánica oculta:* Es buena contra el embrujamiento.

Bistorta *(Poligonum bistorta).* Se emplea su raíz como poderoso astringente, para combatir las diarreas crónicas. Se usa en gargarismos para curar las inflamaciones crónicas de la boca y para fortalecer las encías. Aplicada en lociones ayuda a cicatrizar toda clase de llagas. Es un gran tónico para combatir la tuberculosis incipiente tomada en vino (de 50 a 100 gramos). Desconocemos sus virtudes mágicas.

Brionia *(Bryonia alba).* A esta planta el pueblo la ha bautizado con los nombres raros de nabo galante, nabo diabólico, muerte del diablo y otros varios. Su uso interno ofrece algunos peligros. Recomendamos su empleo para combatir la hinchazón de la garganta, del pecho, del vientre, de las piernas, etc., en la forma siguiente: Raíz de brionia, 25 gramos. Aceite puro de olivas, 200 gramos. Hágase hervir hasta que su contenido tome un color negro. Aplíquese en friegas sobre la parte enferma y véndase después. *Botánica oculta:* Se emplea en determinadas ceremonias de magia negra. Columela le atribuye la virtud de alejar los rayos. Para ello es preciso poner una mata de Brionia en cada uno de los cuatro puntos cardinales del edificio que se desea preservar del fuego eléctrico. *Mercurio.*

Buglosa *(Anchusa itálica).* El jugo de las hojas de esta planta es excelente para curar las palpitaciones del corazón. Para ello se mezclarán 30 gramos de jugo con igual cantidad de azúcar, hasta formar una especie de jarabe. Se tomará al acostarse durante unos días. Las flores son muy recomendables en las bronquitis leves y en los catarros ligeros. La mejor manera de administrar estas flores para dichas dolencias es como sigue: En medio litro de agua háganse hervir 10 gramos de flores y hojas de la planta. Se deja enfriar y se cuela. Uso: Cuatro o seis tazas repartidas convenientemente durante el día. *Botánica oculta:* Ignoramos sus propiedades mágicas.

Camelia *(Camelli).* Planta originaria de la China, importada a Europa por un sabio jesuíta llamado Camelli, del cual ha tomado el nombre que lleva. No tiene aplicaciones terapéuticas. *Botánica oculta:* Convenientemente destilada produce esta planta un aceite de un gran valor mágico, destinado a la alimentación de las lámparas empleadas en diversos ritos teúrgicos, como en las evocaciones angélicas. Su uso sería muy beneficioso en las sesiones espiritistas, pues con él se conseguirían comunicaciones solamente con espíritus muy elevados o, por lo menos, con espíritus bondadosos.

Canela *(Cinnamómum ceylanicum)*. La canela es la segunda corteza de un árbol llamado Canelo que se cría en Ceilán y en otros países cálidos. Se emplea mucho más en el arte culinario que en terapéutica. Es excelente para provocar los menstruos. Sirve contra las indigestiones, emociones fuertes, síncopes, espasmos y otros accidentes análogos. En estos casos se toma unas cucharaditas de esta corteza en tintura, la cual se prepara como sigue : Se toman 100 gramos de canela, hecha a pedacitos, y se dejan en maceración durante quince días en medio litro de alcohol de 80°. *Botánica oculta:* Se emplea en los perfumes mágicos del *Sol* y en ciertos filtros de amor, cuyo uso debe rechazar el mago blanco.

Caña *(Arundo donax)*. Se usa como depurativo suave y también para hacer pasar la leche de las nodrizas. En medio litro de agua háganse hervir durante veinticinco minutos 30 gramos de su raíz desmenuzada.

Déjese enfriar y cuélese. Como depurativo, se tomarán cuatro tazas diarias. Como lactífugo, una tacita cada tres horas. *Botánica oculta:* El secreto que vamos a anotar no sabemos si realmente es una cosa digna de crédito o pertenece al caudal supersticioso del pueblo. Nosotros lo publicamos a título de curiosidad, pues se trata de una creencia muy antigua que ha sobrevivido hasta los tiempos presentes. Se asegura que para curar una dislocación de miembros, por fuerte que sea, basta con llevar encima dos pedazos de caña cortados con esta intención y metidos uno dentro del otro. Hay una versión que dice que los dos pedazos de caña han de ser de dos cañas distintas. Por nuestra parte añadiremos que bien pudiera tener un éxito feliz semejante práctica, si el que la ejecuta tiene una fe inquebrantable en ella y «sabe poner toda su fuerza de voluntad». Planeta : *Mercurio.*

Cáñamo indio *(Cannabis índica).* Planta originaria de Oriente. Es activísima ; no debe usarse sin el concurso facultativo, pues sin él se corre el peligro de envenenamiento. En tintura, se recomienda contra los ataques de coqueluche, en las neuralgias y cefalalgias. Se aconseja como sedante en los accesos provocados por las úlceras estomacales. Puede usarse como hipnótico, pues provoca el sueño. La tintura se prepara como sigue : Extremidades del cáñamo, 20 gramos. Alcohol de 90°, 100 gramos. Déjese en maceración durante quince días y fíltrese por papel. La dosis médica es de cinco a veinticinco gotas al día. *Botánica oculta:* El cáñamo indio produce un extracto grasiento, del cual se fabrica el famoso haschisch. Este producto, en humo o a dosis ingeridas, proporciona éxtasis místicos, diabólicos o extremadamente eróticos, según la moralidad o mentalidad del individuo que lo usa. Estos éxtasis son casi desconocidos en Occidente, en cambio, determinadas sectas mágicas o religiosas, budistas, taoïstas y musulmanas del Asia lo utilizan y aplican sabiamente en sus ceremonias y ritos psicúrgicos. Planeta : *Saturno.*

Cebada *(Hordeum vulgare).* Es nutritiva, emoliente y refrescante en grado sumo. Se usa en cocimiento. Se prepara como sigue : En medio litro de agua se ponen a hervir, durante veinte minutos, 20 gramos de cebada mondada y contundida. Se deja enfriar y se cuela. La harina de cebada se emplea en uso externo para confeccionar cataplasmas, muy útiles para disipar y atenuar los humores. *Botánica oculta:* Las espigas de esta planta *(Yava,* en sánscrito), eran ofrecidas por los Brahmanes en sacrificio de los dioses y a los siete príncipes espirituales. Planeta : *Sol.*

Cebolla *(Allium cepa).* Cebolla blanca o cebolla común. Esta planta hortense es diurética, estimulante, dermífuga, expectorante y afrodisíaca. Se administra contra la retención de orina, contra las lombrices intestinales, el catarro pulmonar, la tos bronquial y el escorbuto. Se emplea el zumo reciente extraído por presión, mezclado con jarabe y a la dosis de 4 a 8 gramos. Para uso externo se aplica cocida o cruda. En el primer caso obra como emoliente y en el segundo como rubefaciente. Cruda, se emplea contra las pulmonías, procediendo de la siguiente forma : Se pone la cebolla cortada en cruz en una olla tapada y se calienta suavemente hasta que haya desprendido una pequeña cantidad de agua, entonces se rocía con esencia de trementina y se aplica sobre la parte enferma. El zumo de cebolla cruda, aplicado en fricciones sobre el cuero cabelludo, detiene la caída del cabello. Contra el dolor de orejas: Se hace cocer una cebolla bajo rescoldo, se coloca sobre un pedazo de tela con un poco de manteca fresca, sin sal, y se aplica todo a la oreja, lo más caliente posible, durante unos minutos.

Celedonia *(Chelinoum majus)*. Usada interiormente, es muy peligrosa, por esto no damos a conocer más que su uso externo. El jugo de esta planta, que puede extraerse majando su raíz en un mortero, extirpa las verrugas. Contra la supresión de las reglas, se aplica una cataplasma de dicha planta sobre la pelvis. Para ello se debe majar una planta entera, de buen tamaño, hasta conseguir un amasijo compuesto de tallos tiernos, hojas y raíces. Según un remedio popular, este zumo sirve para aclarar la vista. Guárdese bien de usarlo, pues corre el peligro de quedar ciego quien lo intente. *Botánica oculta:* La raíz de Celedonia, colocada sobre la cabeza de un enfermo, en estado febril, se pondrá éste a cantar si realmente ha de morir y, al contrario, si ha de vivir se pondrá a llorar amargamente. *Sol. Sagitario.*

Centáurea menor *(Erythræa centáurium)*. Sus tallos y sus flores son un tónico amargo de primer orden en la debilidad digestiva y falta de apetito. Se administra contra las fiebres intermitentes, flatos y gota. La infusión se prepara con 5 gramos de flores en medio litro de agua. Se calienta hasta hervir y se cuela. Se aplica externamente sobre las úlceras escrofulosas y sobre las heridas. *Botánica oculta*: Según la leyenda fué descubierta por el centauro Chirón. Es antidemoníaca. Tiene grandes virtudes mágicas; debe cogerse pronunciándose palabras de encantamiento (Plinio). En un antiguo grimorio, atribuído a Alberto el Grande, se lee lo siguiente: Si se echan las sumidades de esta planta en el aceite de una lámpara, con un poco de sangre de abulilla hembra, provoca alucinaciones terroríficas a cuantos se hallan iluminados por dicha lámpara. Si se echa un manojo de esta planta en el fuego y se contempla éste por un momento y luego se dirige la vista al cielo, parece que las estrellas se mueven y se caen. Si se hace aspirar a una persona humo de una rama quemada, aquélla sentirá miedo. *Júpiter* en *Leo*.

Cicuta *(Conium maculatum)*. Planta sumamente venenosa, por lo cual debe rechazarse su uso interno sin mandato del médico. La cicuta puede confundirse fácilmente con el perifollo y el perejil. Para evitar funestas consecuencias señalaremos la diferencia existente entre dichas plantas. La *cicuta* tiene las hojas tres veces aladas; hojuelas agudas, incindidas por los bordes. Su olor es desagradable. El *perifollo* tiene las hojas como las de la anterior; hojuelas cortas y anchas. Su olor recuerda al del anís. El *perejil* tiene hojas inferiores dos veces aladas; hojas largas, trilobadas y en forma de cuña. Su olor es muy poco pronunciado. Para combatir el envenenamiento por la cicuta es preciso provocar el vómito y administrar en seguida los ácidos vegetales debilitados, tales como el jugo de limón, el vinagre, etc. La cicuta no produce ningún efecto tóxico en las cabras y carneros, siendo venenosa para los conejos, bueyes y caballos. En el hombre produce sed, dolores de cabeza y del estómago, vértigos, delirio, y por último, enfriamiento general, que precede a la muerte. Los frutos de esta planta, que son menos activos que las hojas, se utilizan para fabricar el anís. Los griegos hacían beber a los condenados a la última pena un brebaje a base de cicuta. La historia nos recuerda con ello la muerte de Sócrates. *Botánica oculta:* El jugo de esta planta forma parte de la pomada de los brujos. Preparada con vino produce un sueño letárgico a los pájaros.

Cilantro *(Coriándrum sátium)*. Esta planta, llamada también *Coriandro*, se usa para combatir con éxito el histerismo, en todas sus fases ; las afecciones gastrointestinales, la cefalalgia y las cuartanas. Infusión : 200 gramos de frutos de la planta en un litro de agua. Cuatro tacitas diarias, o más, según la intensidad del mal. Se emplea también para mejorar el sabor de la cerveza. *Botánica oculta:* Con los frutos de esta planta, reducidos a polvo y mezclados con almizcle, azafrán e incienso, se obtiene un perfume de Venus muy eficaz en las prácticas de magia sexual. Los amuletos y talismanes amorosos deben ser sahumados con este perfume (Agrippa).

Cinoglosa *(Cynoglossum officinalis)*. Conocida con los nombres de Lengua de perro y Viniebla. De esta planta se aprovechan las hojas y la corteza de su raíz. Tiene propiedades calmantes, pectorales, narcóticas y antidiarreicas. Excelente para combatir los catarros bronquiales. Se administra en cocimiento. Agua, 250 gramos. Corteza de raíz, 15 gramos. Hágase hervir veinte minutos. Dosis : Se toman cinco tacitas al día, bien calientes. Las hojas se aplican en cataplasmas sobre las inflamaciones epidérmicas y sobre las quemaduras. *Botánica oculta:* La raíz de esta planta llevada encima nos reconcilia con nuestros enemigos y nos atraemos la simpatía de nuestros semejantes (Porta).

Ciprés *(Cupressus sempervirens)*. El fruto de este árbol resinoso consiste en piñas o agallas. Su decocción conserva los cabellos en su color primitivo, pues evita las canas hasta una edad muy avanzada. *Botánica oculta:* El ciprés es el símbolo de la muerte. Con su ramaje se coronaba la frente de Plutón. La madera de este árbol sirve para la construcción de la mesa triangular que se emplea en determinadas operaciones de brujería, como en la imprecación de los «responsos al revés» y otras de la misma naturaleza. También se utiliza la madera para echarla a la lumbre, junto con hierbas y drogas, en ciertas evocaciones a los elementales.

Clavillos *(Eugenia cariphylla)*. Conocidos vulgarmente con el nombre de Clavos de especia. Proceden de Molucas y de Cayena. Estos últimos son los mejores. Tienen propiedades tónicas, estomacales, cordiales y estimulantes. Se emplean en infusión y en tintura. Infusión : En medio litro de agua se hacen hervir cuatro gramos de clavillos. Dosis : Una cucharada cada tres horas. Tintura : En 100 gramos de alcohol de 80° se dejan macerar 20 gramos de clavillos. Dosis : De 3 a 8 gramos diarios, mezclados con agua de azahar. En el uso externo se recomienda la tintura en fricciones para combatir la parálisis y la debilidad muscular. Esta medicación rebaja la temperatura durante el estado febril, pero predispone a la fiebre en el estado normal. Calma momentáneamente el dolor de muelas, pero es un remedio nada recomendable. *Botánica oculta:* Planta cálida y seca. *Sol* en *Leo*. Se coge cuando el *Sol* está en *Piscis* o cuando la *Luna* está en *Cáncer*. La esencia de los clavillos se usa en varios trabajos de magia negra. Asociada con el fósforo atrae las larvas, pues con ello se nutren considerablemente. Si un hipnotizador, durante su trabajo, conserva en la boca un clavo de especia, aumentará en gran manera su fuerza néurica. La esencia de los clavillos se emplea en determinadas operaciones de magia sexual.

Coca *(Eritroxylum coca)*. Conocida con el nombre de Coca del Perú. Arbusto cuyas hojas, de propiedades excitantes como el café y el té, son muy apetecidas de los indios para masticarlas, y que los antiguos o primitivos indígenas del Perú tuvieron por sagrado, quemándolo en los altares erigidos al Sol. Tiene una acción tonificante que se emplea para aumentar la fuerza en neurasténicos y convalecientes. Adormece el hambre y la fatiga. Se ha preconizado también para combatir la obesidad. De las hojas de esta planta se extrae la cocaína. *Botánica oculta:* Las inyecciones hipodérmicas de su sal, la cocaína, pueden constituir, según el sabio ocultista Estanislao de Guaita, un verdadero pacto con los seres del Astral. *(Le Temple de Satan*, pág. 346.) Planetas : *Saturno* y *Sol*.

Coclearia *(Coclearia officinalis)*. Sus propiedades antiescorbúticas son conocidas desde muy antiguo. También se recomienda contra las afecciones pulmonares, catarros bronquiales, catarros de la vejiga y en las flores blancas. Úsese en infusión : Póngase al fuego medio litro de agua con 25 gramos de hojas de esta planta, y así que rompa el hervor se quita y se deja enfriar, bien tapada ; luego se cuela. Dosis : De cuatro á seis tazas al día. Desconocemos sus propiedades mágicas.

Col *(Brassica oleracea)*. Los antiguos la consideraban como el remedio universal. Hipócrates la prescribía cocida con miel, para atacar toda clase de cólicos. Las mujeres de Atenas comían abundantes platos de coles durante el embarazo. El entusiasmo para la Col fué tan grande, que se llegó a atribuir á la orina de las personas que se alimentaban con coles, la virtud extraordinaria de curar los herpes, las fístulas y hasta el cáncer. Los dolores de costado desaparecen con la aplicación de hojas cocidas, bien calientes. Si se aplican sobre los pechos de las nodrizas, hacen desaparecer los infartos mamarios. En cataplasmas, dan muy buenos resultados contra los dolores reumáticos. Para ello, deben aplicarse bien calientes y renovarlas cada dos horas, por lo menos. Las semillas de la Col son un excelente vermífugo. *Cáncer* y *Escorpio*. La Col roja, llamada Lombarda, comida antes de un festín, evita los daños que produce el vino bebido en gran cantidad. Tiene propiedades contra los flatos, la bilis y la ictericia. *Luna* y *Júpiter*.

Consuelda *(Symphitum officinalis)*. Conocida con diversos nombres: Gran consuelda, Consuelda mayor, Oreja de asno, Oreja de vaca, Lengua de vaca, Hierba de las cortaduras, Hierba de los cardenales, Sinfito mayor, Sinfito de perro, Consolida y Suelda con suelda. Los antiguos le atribuían la propiedad de consolidar las fracturas. De aquí provienen los nombres de Consuelda y Consolida. Su largo rizoma (*), que contiene mucho mucílago, y además es algo astringente, se usa al interior contra la hemoptisis y la diarrea. Se administra en cocimiento. En medio litro de agua se hacen hervir, durante veinte minutos, 25

(*) Rizoma: Tallo horizontal y subterráneo, como el del lirio común.

gramos de rizoma en trocitos. Al exterior en fomentos, para curar las quemaduras y las heridas. En inyecciones uretrales y vaginales, para las enfermedades venéreas. En emplastos y cataplasmas, para curar las dislocaciones, empleando el rizoma tierno y bien picado. Según Bramwell, favorece la formación de nuevos tejidos en la úlcera del estómago. *Botánica oculta:* Cálida y seca. *Venus* en *Sagitario* o en *Acuario*. Planta consagrada por los griegos a Juno, primera de las divinidades femeninas y reina de los dioses. Su nombre griego es Hebe.

Corregüela (*Calystegia sépium*). Planta que se encuentra en casi toda España; crece en los cañaverales; es acre y tiene una resina semejante a la jalapa. Su jugo, que es muy lechoso, es un purgante eficaz. Sus hojas también son purgantes, pero su acción es menos activa. La raíz de esta planta se aconseja para combatir la parálisis incipiente *Botánica oculta:* Si por un momento se aplican sus hojas sobre una llaga contusa y se dejan luego en un sitio húmedo, la curación de la llaga se opera magnéticamente. Una infusión de sus hojas mezclada con vino o licor constituye una bebida amorosa, es decir, que tiene la virtud de conservar la armonía y el amor entre enamorados. Su raíz, llevada consigo preserva, y hasta llega a curar, las enfermedades de los ojos. Planetas : *Júpiter* y *Sol.*

Culantrillo *(Adiánthum capillus).* Conocido con el nombre de Culantrillo de pozo. Es un helecho que crece en las paredes de los pozos y en las fisuras de las rocas húmedas. Se emplea tierno, pues una vez seco pierde sus propiedades curativas. Facilita la expectoración y calma los dolores de pecho. Favorece la aparición de las reglas. Se usa en lociones para tonificar el cuero cabelludo, pues evita la caída de los cabellos. *Botánica oculta:* De las hojas de esta planta estaba formada la corona de Plutón, divinidad mitológica que preside y gobierna las regiones infernales. Su nombre griego es Hades. Planeta : *Saturno.*

Damiana *(Turnera aphrodisíaca).* Planta del Brasil, California y Méjico, de la cual se emplean únicamente sus hojas. Es diurética y afrodisíaca. Su acción fundamental es la de un buen tónico nervioso, cuyo efecto es durable. Está indicada en la neurastenia, en las convalescencias lentas y en la impotencia. Es un buen estimulante de las funciones cerebrales y excelente en los casos de dispepsia y en la gastralgia, acompañada de jaqueca. Se recomienda asimismo en la albuminuria que sucede a una escarlatina y en las afecciones del riñón y la vejiga. Se usa en infusión, en cocimiento y en tintura. Infusión : 10 gramos de material desmenuzado en un litro de agua. Cocimiento : 80 gramos de material en un litro de agua. Dosis : De 60 a 125 gramos al día. Tintura : 20 gramos de material en 100 gramos de alcohol de 90°. Déjese macerar durante quince días. Dosis : Cuarenta gotas al día, disueltas en vino o agua aromatizada y azucarada. Ignoramos sus virtudes mágicas.

Díctamo Blanco *(Díctamus albus)*. Hierba ramosa, con hojas semejantes a las del fresno, por cuyo motivo es conocida vulgarmente con el nombre de Fresnillo. Es balsámica, sedativa, siempre verde. Estimula y favorece la digestión y regulariza el flujo menstrual. Sus hojas, en compresas, son excelentes para las mujeres embarazadas. Se usa en cocimiento. En medio litro de agua se hacen hervir 10 gramos de material. Se deja enfriar y se cuela. *Botánica oculta:* Una guirnalda de estas hojas colocada en la cabeza de una persona magnetizada contribuye, de una manera sorprendente, al desarrollo de la clarividencia sonambúlica. La raíz del díctamo blanco si se deja secar y se echa al fuego, produce un humo que favorece asimismo el trabajo del magnetizador y ayuda al sujeto refractario. *Sol* en *Cáncer.*

Diente de león *(Taraxacum dens leonis).* Planta vulgar y común en nuestros campos y prados; segrega abundante y amargo jugo lechoso y de la cual se usan las hojas y la raíz. Su cocimiento calma la tos y las irritaciones del pecho; da muy buenos resultados contra los esputos de sangre; es un excelente febrífugo y sudorífico. Excita el curso de la bilis y ejerce una acción favorable en los infartos del hígado y en la ictericia. Provoca las contracciones de la vejiga de la hiel. Tiene, además, propiedades diuréticas y depurativas que lo aconsejan en las afecciones cutáneas crónicas. Cocimiento: En medio litro de agua se echan 10 gramos de material desmenuzado.

Eléboro negro *(Helleborus niger).* Conocido con los nombres de Hierba de Navidad, Hierba de invierno y Rosa de fuego. Es un purgante violento, siendo, además, vermífugo y emenagogo. Su empleo terapéutico es peligroso, por eso el profano no debe hacer uso de ella. *Botánica oculta:* El eléboro negro es una de las plantas más usadas por los brujos. Su raíz, cogida a la hora de *Saturno,* pulverizada, se echa sobre ascuas cuando se evocan entidades infernales. Un pedazo de su raíz, suspendida en el cuello de una criaturita, la preserva del hechizo llamado aojo. Si está aojada, le desvanecerá prontamente el sortilegio (Agrippa). Además del eléboro negro hay el eléboro verde y el eléboro blanco, cuyas propiedades no consideramos oportuno ni útil detallar.

Encina *(Quercus ruber).* De este árbol ramoso, en terapéutica, se utiliza únicamente su corteza. Es astringente. Se emplea contra las diarreas serosas, hemorragias, leucorreas, hemoptisis. Administrada a grandes dosis, se usa contra la tisis pulmonar. La mejor manera de usar este material es en cocimiento. En medio litro de agua se hacen hervir, durante quince minutos, 25 gramos de corteza a trocitos. Se deja enfriar y se cuela. Dosis : Cuatro tazas al día, o más, si no se siente una inmediata mejoría. *Botánica oculta:* Copiamos de un antiguo grimorio latino : Para ser afortunado en los negocios, se tomarán cinco bellotas de encina, cogidas en día domingo y en su hora planetaria ; se quemarán y se reducirán a polvo. Este polvo se guardará en una bolsita de seda amarilla y se llevará encima. Este amuleto, llamado del Sol, agrega el grimorio, favorece grandemente al que esté incurso de proceso.

Enebro *(Juníperus communis).* Las bayas de este arbusto son un diurético excelente. Por esto son recomendables contra los cálculos renales y en la hidropesía. Son asimismo anticatarrales y modificadores de las secreciones en el catarro de la vejiga y en la blenorragia. Son de resultados eficaces en el asma y en la bronquitis, y es muy conocido su uso contra los cálculos del hígado. A dosis muy elevada irritan las vías urinarias. Se emplea en infusión. En medio litro de agua se harán hervir 10 gramos de bayas contundidas. Dosis : Cuatro tacitas al día. Con la esencia del fruto se combate el reumatismo crónico. Asimismo se emplean estas bayas en la fabricación del licor llamado «ginebra». Echados sobre ascuas purifican el cuarto de un enfermo. *Botánica oculta:* Un ramo de este arbusto hace huir las serpientes, pues lleva en sí y de varios modos el signo exotérico de la Trinidad. Su grano quemado con incienso no sólo purifica el ambiente de miasmas, sino que aleja a las entidades maléficas del plano astral y cura a los posesos. Planeta : *Venus.* Signo zodiacal : *Géminis.*

Énula Campana *(Ínula Helénium).* De esta planta se aprovecha la rizoma y la raíz. Se emplea en los catarros bronquiales, retenciones de orina, en las irregularidades del flujo menstrual y en la leucorrea, en la falta de apetito y en las pulmonías para calmar la tos y favorecer la expectoración. Está indicada en la dispepsia atónica por estimular la mucosa del estómago. Es excelente, también, contra la diarrea. Se administra en cocimiento. En medio litro de agua hágase hervir, por espacio de quince minutos, 8 gramos de rizoma, y déjese enfriar. Dosis : Cuatro tacitas diarias. El polvo de rizoma es muy eficaz contra las enfermedades del bazo. Se tomarán, en ayunas, 9 gramos al día, desleídos en vino generoso. Se aplica en lociones contra las úlceras de mal cariz. *Botánica oculta:* En un grimorio muy popular, *Los secretos del Pequeño Alberto*, se lee lo siguiente: «En la noche de San Juan, al dar las doce, cógese la hierba llamada Énula Campana, hágase secar y redúzcase a polvo, añadiéndole una pequeña cantidad de ámbar gris. Métase todo en una bolsita de seda verde y llévese encima del corazón durante nueve días. Pónganse luego estos polvos en contacto con la piel de la persona que se ama (sin que ella lo advierta), y se despertará en ella un amor irresistible hacia quien ha hecho la operación descrita.»

Escabiosa *(Succina pratensis)*. Nace en terrenos húmedos y arcillosos y se utilizan de ella las hojas y las raíces. Sus propiedades sudoríficas y depurativas han hecho esta planta popular en el tratamiento de la pequeña viruela, en el sarampión, la escarlatina y en las fiebres pútridas. Se prepara su cocimiento de la siguiente forma: En medio litro de agua se hacen hervir, durante veinte minutos, 30 gramos de hojas de escabiosa. Se deja enfriar y se cuela. Por su propiedad astringente, se emplea en lavajes vaginales, para combatir la leucorrea (flores blancas). Siendo, además, vulneraria, se aplica exteriormente para lavar las úlceras. Desconocemos sus propiedades ocultas. Fría y seca. *Tauro* o *Libra*. *Mercurio*. Las sumidades, bajo *Aries*.

Escila *(Scilla marítima)*. Muy conocida del pueblo con el nombre de Cebolla albarrana. La anotamos únicamente con el fin de advertir a nuestros lectores que no la usen en la medicina casera, pues ofrece serios peligros. Ignoramos sus propiedades ocultas.

Espino cerval *(Rhamnus catharticus)*. Las bayas de este arbusto despiden un olor muy desagradable y constituyen un purgante enérgico. Se utilizan como derivativos intestinales en los cardíacos y en los urémicos. Producen una reacción saludable en la apoplejía y en la congestión cerebral. Se usan contra las lombrices con muy buenos resultados. Se toman, en ayunas, de 15 a 20 bayas, según la edad del enfermo. *Botánica oculta:* Cálido y seco. Planta consagrada a Saturno. Emblema de la Envidia. Se utilizó para tejer la corona de espinas de Nuestro Señor Jesucristo. En ciertos ritos simboliza la Virginidad, el Pecado, la Humillación. Sus ramas, con sus frutos (bayas), colgadas en puertas y ventanas de una casa paralizan los esfuerzos de los brujos e impiden la entrada de los malos espíritus. Signo zodiacal : *Libra.*

Estramonio *(Datura stramónium).* Crece en lugares incultos, en sitios arenosos, en los escombros. Sus hojas son amargas y despiden un olor nauseabundo. Se administra en varias formas, pero como es una planta peligrosísima, aconsejamos que sólo se empleen sus hojas desecadas para fumarlas en cigarrillos contra el asma, pues es un remedio que alivia siempre, dejando las diversas aplicaciones que tiene a disposición del médico. *Botánica oculta:* De esta solanácea se hace un uso extraordinario en la Magia Negra. Por esto los franceses la llaman «hierba del diablo». Una gran dosis de ella entra en la composición de la pomada de los brujos, con la cual se untaban todo el cuerpo para asistir a la fiesta sabática denominada Aquelarre. Planeta : *Saturno.*

Fresera *(Fragaria vesca)*. Planta que produce una fruta dulce y fragante, de todos conocida : la fresa. De esta planta se aprovechan en terapéutica los frutos y las raíces. El jarabe de fresas se emplea como refrescante y está indicado contra la ictericia y el mal de piedra. Para combatir las disenterías, diarreas, hemorragias y gonorreas, que no presentan caracteres graves, se emplea un cocimiento de raíces de esta planta. En medio litro de agua háganse hervir 20 gramos de dichas raíces. *Botánica oculta:* Con las hojas de Fresera se hacen unos cinturones que preservan de las mordeduras de las serpientes. Planeta : *Júpiter*. Signo zodiacal : *Piscis*.

Gatuña *(Ononis campestris)*. Conocida con el nombre de Uñas de gato, aludiendo a las espinas de esta hierba, que arañan como las uñas del animal. Es aperitiva y posee cualidades estomacales. Se usan las raíces en cocimiento. En medio litro de agua se hacen hervir 15 gramos de material desmenuzado. *Botánica oculta:* Cogida esta hierba bajo la conjunción de *Marte* y *Júpiter*, constituye un poderoso talismán contra los accidentes desgraciados y asimismo contra las asechanzas de todas clases, contra los ladrones, evita las riñas, etc. Planetas: *Marte* y *Júpiter.*

Genciana *(Gentiana lutea).* Se emplea para combatir el artritismo, la clorosis, la debilidad del estómago, las escrófulas, las fiebres intermitentes, la gota y para expulsar las lombrices intestinales. Se usa en infusión, en tintura y en vino, según la enfermedad que se ha de combatir. Contra las fiebres intermitentes, la infusión siguiente: En medio litro de agua se hacen hervir 3 gramos de raíz desmenuzada. Dosis: Cuatro tacitas diarias. Contra el artritismo, la gota y las lombrices, se usa la tintura. Tintura: Déjese macerar, durante veinte días, 20 gramos de raíz desmenuzada en 100 gramos de alcohol de 90 grados. Dosis: De 3 a 9 gramos, en tres tomas, con vino generoso. Contra las escrófulas, la clorosis y la debilidad del estómago, se emplea el vino siguiente: Déjese macerar, durante un par de días, 30 gramos de genciana desmenuzada en 650 gramos de alcohol de 90 grados; añádase después un litro de un buen vino generoso, y al cabo de quince días fíltrese. Dosis: Tres copitas al día, antes de las comidas principales. *Botánica oculta:* Cálida y seca. La especie que crece en las montañas era utilizada por los antiguos Rosacruces, en sus ceremonias. Está dedicada a San Pedro. Planeta : *Sol.* Signo zodiacal : *Leo.*

Gordolobo *(Verbascum thapsus).* De esta planta se emplean hojas y flores. Sirve para combatir el asma, los pujos de sangre y la tos. Se administra en infusión. En medio litro de agua se hacen hervir hojas y flores mezcladas, en cantidad de 10 gramos. Dosis : Una tacita cada hora. En afecciones crónicas, y pasados los accesos, cuatro tacitas al día. Las hojas han dado buen resultado en algunos casos de sífilis y, en infusión en leche, sirven también contra la tisis. Exteriormente, se aplican frescas para curar las heridas.

Haba *(Faba vulgaris).* La decocción de habas es buena contra el mal de piedra. El emplasto de su harina resuelve los tumores de las partes sexuales. La harina de habas es excelente contra las tostaduras del sol y las escaldaduras producidas por el agua hirviente. Para ello se restrega la parte enferma, durante diez minutos o más, y luego se le aplica una compresa de la propia harina. *Botánica oculta:* Sus flores llevan la marca de los infiernos, según la escuela de Pitágoras. Las habas, cogidas a fines de octubre, están bajo los auspicios de *Escorpio* con *Mercurio*. El fruto es de *Saturno* y de la *Luna*.

Haya *(Fagus sylvática)*. De este árbol se aprovecha la corteza. Es aperitiva y antifebrífuga. Se emplea en cocimiento a la dosis de 30 gramos de corteza seca o 15 de fresca, por 200 gramos de agua, administrándola una hora antes del acceso. A mayor dosis, es purgante y vomitiva. *Botánica oculta:* El tallo, reducido a polvo, sirve de perfume para atraer a las influencias saturnianas. Planetas : *Júpiter* y *Saturno*.

Helecho macho *(Polystichum filix mas)*. De esta planta se emplea su rizoma, que es dulzaino, nauseabundo, algo astringente. Se ha preconizado como el mejor expulsor de la tenia o solitaria ; sin embargo, si expulsa siempre la tenia procedente de la carne de buey, falla algunas veces contra la tenia que proviene del cerdo. La preparación más usada es la tintura etérea concentrada, pero puede también emplearse en polvo, aunque sus resultados no son siempre tan eficaces. Para ello se tomarán en ayunas, de una sola vez, 10 gramos de polvo de helecho macho desleído en 125 gramos de agua. Transcurrida una hora se toma un purgante. La dosis para niños es de 50 centigramos por cada año que cuenten de edad. En un tratado de medicina del siglo XVI, leemos lo siguiente: La raíz en polvo es buena contra la solitaria; cocida en vino, abre las obstrucciones del bazo, cura la melancolía, provoca las reglas y evita la concepción. *Botánica oculta:* Esta planta simboliza la Humildad. Tiene abundantes aplicaciones en la Magia Negra. Destruye las pesadillas, aleja el rayo y obra contra los hechizos. De esta planta se habla extensamente en el *Traité des Superstitions*, del erudito J. B. Thiers. Obra del siglo XVII. Copiaremos de ella solamente lo que hace referencia al encantamiento del helecho cogido en la noche verbenera de San Juan. Dice así: «En la verbena de San Juan, al dar las primeras campanadas de las doce, colocaréis un mantel nuevo de lienzo o cáñamo que no haya servido debajo de una mata de helecho que ya debéis de haber elegido de antemano y bendecido en el «Nombre del Pa ✠ dre, en el Nombre del Hi ✠ jo y en el Nombre del Espíritu ✠ Santo. Amén», para que el demonio no ponga obstáculos a vuestra empresa. Al empezar la operación, trazaréis un círculo mágico alrededor de la planta, colocándose dentro de él las personas que asistan a la ceremonia, el número de las cuales ha de ser uno o tres. Una vez dentro de dicho círculo, debe recitarse la letanía de los ángeles, en voz alta, para obligar al demonio a que se retire, el cual, no obstante, pretenderá asustar a los oficiantes para que no consigan su propósito, pero al escuchar la letanía, *ipso facto* las entidades infernales se retirarán de aquel lugar. Terminada la letanía angélica, se recogerá la simiente y se procederá, con toda equidad, a su reparto, procurando no haya disputas ni se produzca el descontento, pues de no ser así, la simiente del helecho perdería gran parte de sus virtudes.» A continuación se da letanía de los ángeles, por orden jerárquico. Ascienden a setenta y dos. Luego se enumeran las virtudes maravillosas del helecho, que son muchísimas. He aquí algunas: «Toda persona que obtenga esta semilla, si toca con ella a otra persona con el propósito de causarle algún daño, o tocare a una mujer para satisfacer con ella cualquier deseo lujurioso, pecará mortalmente. La semilla tiene la virtud contra todo espíritu maligno que se haya posesionado de una persona (hombre, mujer o niño), para lo cual bastará tocarla con dicha simiente, poniendo toda la voluntad en curarla. Tocando con ella con fe inquebrantable a una persona que se halle enferma o desconsolada, sanará y hallará el consuelo necesario. Son tantas las virtudes que tiene esta semilla, que sólo la persona que la posee podría informaros.» Collin de Plancy, dice en su *Dictionnaire Infernal:* «Nadie ignora los medios diabólicos de que se valen los brujos para obtener los granos de helecho. El veintitrés de junio, la víspera de San Juan Bautista, después de haber ayunado cuarenta días, recogen durante esta noche, los granos de esta hierba que no tiene ni tronco ni flor y que renace de la misma raíz ; el maligno espíritu se burla de estos miserables brujos, apareciéndoseles por la noche en medio de una tempestad ruidosa bajo una forma horrible para amedrantarles más.» El autor continúa explicando el modo de conseguir la maravilosa semilla, cuyo *modus operandi* varía poco del que ya conocemos. Planeta : *Saturno*. Signo zodiacal : *Sagitario*.

Heliotropo (Del griego : *Helios*, Sol, y *tropo*, girar). *Botánica oculta:* Esta flor, como su nombre indica, se vuelve para seguir el curso del sol. Está consagrada a Apolo y es una de las doce plantas mágicas de la antigua Fraternidad Rosa † Cruz. Si se magnetiza a una sonámbula y se la entrega una flor de Heliotropo con una buena parte de su tallo, la sonámbula adquirirá una extraordinaria visión orgánica interna (metagnosis) que la permitirá hacer revelaciones tan sorprendentes como verídicas. Poseerá, además, una facultad especial para la interpretación de los sueños (oneirocripcia). Planeta : *Sol*. Signo zodiacal : *Leo*.

Hierba gatera *(Nepeta cataria)*. De esta planta se emplean las sumidades floridas para combatir la debilidad consuntiva, la languidez, el escorbuto, las neuralgias, los síncopes, la atonía digestiva y la menstruación anormal. Es asimismo antihistérica. Se usa en infusión. En medio litro de agua se hacen hervir 10 gramos de sumidades. Dosis : Cuatro tacitas al día. *Botánica oculta:* Cogida bajo un aspecto favorable y sabiendo extraer el «arcano», como indica Paracelso, constituye un brebaje que tonifica el cuerpo de una manera prodigiosa y proporciona una larga vida, exenta de enfermedades. Planeta : *Mercurio.*

Hierba mora *(Solanum nigrum).* Sus bayas son ligeramente narcóticas, pudiendo producir accidentes funestos su uso intempestivo. Por esto nos abstenemos de indicar el uso de esta planta. Tiene propiedades sedantes y emolientes. *Botánica oculta:* Las bayas, mezcladas con ramas de mirto, echadas sobre ascuas, constituyen un buen perfume mágico para ahuyentar las larvas del plano astral. Signo zodiacal : *Libra.*

Higuera *(Ficus carica).* De este árbol se emplean los frutos y la corteza verde. Los higos secos son emolientes y pectorales. Curan los callos, bastando para ello pegarles uno abierto durante algunos días. Aplicados sobre los tumores de la boca, los ablanda y resuelve. La corteza fresca detiene las hemorragias nasales. Para ello hay que picarla, y la pulpa resultante se aplica en las fosas enfermas. *Botánica oculta:* Con las hojas de este árbol se coronaba a Saturno, y era sagrado entre los romanos. Los griegos lo dedicaron a Mercurio; los espartanos, a Baco. En la India estaba consagrado a Vishnu. Un ramo de higuera cogido bajo el aspecto planetario conveniente, calma la furia de los toros. La Sycomancia constituía una adivinación mediante las hojas de la higuera. Se escribía la pregunta sobre una hoja y, según el tiempo que tardaba en secarse, se sacaba el vaticinio. El fruto blanco pertenece a *Júpiter* y *Venus*. El fruto negro, a *Saturno*. Signo zodiacal: *Acuario*.

Hinojo *(Fœniculum vulgare)*. Sus propiedades medicinales son muy parecidas a las del Anís; los frutos del Hinojo y las sumidades exhalan un olor agradable; son carminativos y muy útiles en la atonía digestiva, acompañada de histérico e hipocondría, y están indicados, asimismo, en los cólicos nerviosos de los niños. Estos frutos son uno de los medicamentos mejores para aumentar la secreción de la leche. Las hojas se emplean al exterior e interiormente como resolutivos; la raíz se usa como diurética, y su corteza, como aperitiva. Infusión: En medio litro de agua háganse hervir 10 gramos de material respectivo. Tápese, déjese enfriar y cuélese. Dosis : De cuatro a cinco tacitas al día. *Botánica oculta:* Cálido y húmedo. Signos zodiacales : *Piscis* o *Acuario*.

Hisopo *(Hyssopus officinalis)*. De esta planta aromática se emplean las hojas y las sumidades. Por sus propiedades estomacales está indicada para combatir la debilidad digestiva y la gastralgia. Presta un gran servicio en los cólicos flatulentos. Por su propiedad estimulante se usa para despertar el apetito. Por ser anticatarral y expectorante, da excelentes resultados en los catarros crónicos de los pulmones. Se emplea en gargarismos para curar las anginas. Es muy conocido su uso para facilitar los partos. En lociones, se emplea para curar los golpes, las heridas, las contusiones. Su infusión se prepara como sigue : En medio litro de agua se hacen hervir 8 gramos de hojas y sumidades. Dosis : Varias tacitas al día, pues su uso no ofrece peligro. *Sol* en *Leo*.

Incienso *(Incénsum)*. Gomarresina que se extrae del *Juníperus thurífera* y que llega de África en lágrimas o granos de diversos tamaños. En el comercio se conoce con el nombre de *incienso macho* el que mana directamente del árbol, y al que se extrae artificialmente se le llama *incienso hembra.* El primero es el más apreciado, llamado también *Olíbano.* En terapéutica se usa exteriormente, en polvo aplicado sobre las úlceras malignas. También se hacen con él emplastos para corregir los esguinces y contra toda clase de golpes. Se emplea igualmente en sahumerios, dirigiendo sus emanaciones a los miembros afectados de reumatismo. Pueden substituirse las fumigaciones por paños de franela bien perfumados y aplicados en caliente. *Botánica oculta:* Según la mitología, Leucotoe, hija de Arcamo y de Eurinoma, se entregó a su amado Apolo. El padre de la niña, al darse cuenta del hecho, se enfureció y la enterró viva. Entonces, el dios del Sol, para honrarla, la convirtió en un arbolillo que daba el incienso, y éste fué el perfume que adoptaron todos los templos en sus fiestas religiosas. Esta substancia se ha usado, pues, desde la antigüedad más remota para la purificación del ambiente de los templos y para el culto divino. En nuestros días tiene aún los mismos usos ; pero se le mejora mezclándolo con benjuí, almizcle, estoraque, ámbar y otras drogas solares. Con todo esto se forma un perfume mágico echando su polvo sobre ascuas. He aquí las dosis que entran en la preparación del incienso empleado en el ritual cristiano : Incienso macho, 7 partes ; Estoraque, 3 partes ; Benjuí, 3 partes ; Simiente de enebro, 2 partes. Se pulveriza, se mezcla y se pasa por un tamiz. Esta preparación se emplea también en las evocaciones teúrgicas. Nosotros la recomendamos en la celebración de las sesiones espíritas, sobre todo cuando se trata de comunicaciones con los seres del Más Allá. Planetas : *Sol* y *Júpiter*. Signo zodiacal : *Leo*.

Ipecacuana *(Cephaelis ipecacuanha)*. De esta planta se utiliza únicamente la raíz. Determina hipersecreción de las glándulas del aparato digestivo y provoca el vómito después de molestas náuseas y abundante salivación, dejando luego una pasajera depresión. Se administra como vomitivo en polvo y a la dosis de 1,50 gramos en papeles de 50 centigramos, tomándolos cada cuarto de hora con agua templada. Es muy útil en el empacho gástrico y en el principio de un envenenamiento. Fluidifica la expectoración en la bronquitis capilar y pulmonía con acumulación de exudados. Es un excelente remedio contra la disentería aguda. «Cocimiento por corta ebullición e infusión consecutiva durante doce horas de 2 a 6 gramos de ipecacuana en 300 gramos de agua. El mismo poso puede servir tres días seguidos. El líquido se toma en tres veces durante el día» (Arnozán). Planetas : *Luna* y *Sol.*

Iris *(Iris, Iride)*. Ignoramos si tiene aplicaciones terapéuticas. *Botánica oculta:* Sus flores, como el Arco Iris, simbolizan la Paz. Cogidas a la hora de Venus, tienen una virtud muy notable. Si durante el sueño de un niño o niña vírgenes, se coloca bajo su almohada un ramito de estas flores, aquéllos tendrán sueños proféticos, de una certeza tal, que sus indicaciones pueden tomarse al pie de la letra. *Venus* en *Libra.*

Jacinto *(Hyacinthus orientalis)*. No se utiliza en medicina. Sin embargo, en un libro célebre de secretos, del siglo XVI, titulado *Secreti di Don Alessio Piemontesen, novamente stampati*, leemos que «el jugo de la raíz del Jacinto impide el desarrollo del sistema piloso y hace retrasar la pubertad.

Dice, además, que la raíz, hervida, cura los tumores de los testículos». Para obtener jacintos en invierno : Desde septiembre a noviembre se llenan de agua unas botellas que deberán ser proporcionadas al tamaño de los bulbos de la planta. Estos bulbos se colocan de modo que la corona, o sea el punto por donde salen las raíces, toque al nivel del agua, la que se renovará cada veinte días, y echándola un poco de sal de amoníaco para que no se corrompa. Este cultivo ofrece un agradable entretenimiento, pues los jacintos, ostentando la belleza de sus flores durante el invierno, cuando no existen en los jardines, constituyen una agradable sorpresa en quienes ignoran la manera de obtenerlos, y cuyo cultivo se reduce a lo dicho y a darles luz y aire de vez en cuando. Planetas : *Sol* y *Venus*.

Kouso *(Brayera antihelmíntica)*. Este árbol, llamado Kouso o Kousa, crece en Abisinia. Se utilizan sus inflorescencias femeninas, desecadas y pulverizadas. Estas flores son purgantes, pero su propiedad más notable es la de expulsar la tenia. La manera mejor de emplearla es en infusión, que se obtiene de la siguiente manera : En 250 gramos de agua se hacen hervir 20 gramos de material reducido a polvo. Luego se deja entibiar y se toma toda la mezcla. Si al cabo de una hora el medicamento no ha producido su efecto, se tomará un purgante. El aceite de ricino es el más indicado. *Botánica oculta:* Árbol sagrado de los indios. Indispensable en todos los actos de la vida religiosa y ascética. Tiene propiedades magnéticas poderosas y es un vehículo universal. Sus flores, secas y pulverizadas, echadas sobre ascuas desprenden emanaciones que ayudan eficazmente el desarrollo de las fuerzas psíquicas, y facilitan de una manera enorme el desdoblamiento mediúmnico. Planeta : *Sol.*

Laurel cerezo *(Prunus laurus cerasus).* De este árbol, la terapéutica utiliza únicamente sus hojas. Su principio activo es el ácido cianhídrico, veneno activísimo, por lo cual el profano debe abstenerse de su uso en materia medicinal. *Botánica oculta:* El Laurel cerezo es uno de los vegetales que más se utilizan en los trabajos de Hechicería. He aquí, para muestra, uno de los muchos hechizos que realizan los brujos para perjudicar a una persona : Toman una cazuela de pequeño tamaño, la llenan hasta el borde con aceite de olivas ; cogen, a la hora de Saturno, tres ramitas de laurel cerezo y las colocan, formando una Cruz de Caravaca, sobre la superficie del líquido. Pronuncian, por último, con el corazón henchido de odio, la imprecación malvada, y esperan, con la convicción más absoluta, que los efectos de su crimen no tardarán en manifestarse. Y, desgraciadamente, es así. Planetas : *Saturno* y *Luna*.

Laurel común *(Laurus nóbilis)*. La denominación latina de «laurel noble» indica la diferencia que existe entre éste y el anterior. Las propiedades del Laurel común son carminativas, digestivas, estomacales y nervinas. Se utilizan las hojas en infusión. En medio litro de agua háganse hervir 10 gramos de hojas y déjese enfriar. Dosis : Cuatro ó cinco tacitas diarias, repartidas convenientemente. Esta infusión se emplea, asimismo, en inyecciones vaginales contra la relajación de los órganos sexuales, y en baños por todo el cuerpo para combatir la debilidad general de los niños. Copiamos de un libro antiguo de medicina : «Las hojas tiernas de laurel, machacadas, son excelentes contra las mordeduras de animales venenosos. El jugo de sus hojas, tomado a dosis de 3 a 4 gotas, en agua, provoca la menstruación, corrige los desarreglos del estómago; disminuye la sordera; cura el dolor de las orejas y quita las manchas del rostro.» *Botánica oculta:* Árbol consagrado a Apolo. La Dafnomancia es una de las diversas formas de magia adivinatoria, muy usada en la antigüedad. El material empleado en esta ceremonia eran las ramas de laurel, con el cual se coronaban los adivinos. Practicábase de dos maneras. La una consistía en echar al fuego una rama seca y, por el chisporroteo, el centelleo y por el humo producidos durante la quema, se sacaban los presagios. Éstos eran inciertos cuando la rama se consumía sin hacer ruido alguno, mas se vaticinaba con toda certidumbre cuando chisporroteaba ruidosamente, las chispas eran abundantes y se obtenía una finísima humareda. Era, además, todo esto, un buen augurio. La otra manera de predecir consistía en mascar unas hojas tiernas de laurel; el augur cerraba los ojos y empezaba el trabajo de concentración mental; y al cabo de un tiempo, más o menos largo, daba la respuesta a la consulta que se le había hecho. Esta última forma de adivinación es la que practicaban las Pitonisas, las Sibilas y los Sacerdotes de Apolo, y por esto eran llamados *dafnéfagos*, es decir, comedores de laurel. Cálido y seco. *Sol* en *Leo* o *Luna* en *Piscis*.

Lirio *(Lílium Chrynostates)*. Según la medicina antigua, «el polen de esta flor es bueno para curar las quemaduras. Su agua destilada (?) aminora los dolores del parto y cura los males de los ojos. Los bulbos, hervidos con miga de pan, hacen madurar y reventar los abscesos en breve tiempo. La mujer que coma dos pedacitos de la raíz de esta planta, librará sin dolor el feto muerto que lleve en sus entrañas. La extremidad de la raíz, mezclada con manteca rancia, cura la lepra». *Botánica oculta:* El Lirio es el emblema de la Castidad. Gabriel lo lleva en su mensaje a María. Esta flor es la imagen de la Creación universal, de la Preformación, de la Acción del Fuego Primitivo sobre la Madre Agua. En la Edad Media creíase que el polen de esta flor, disuelto en un vaso de agua o vino, hacía orinar abundantemente a la muchacha que lo bebía, si ésta no conservaba su castidad. La raíz, colgada en el cuello, reconcilia a los amantes que han roto sus relaciones. Debe ser cogida cuando la *Luna* o *Venus* estén bajo *Aries* o *Libra.* Con esta planta se compone un perfume mágico muy conveniente para quemar en el recinto donde se realizan experimentos teúrgicos o se esperan manifestaciones astrales. Frío y seco. *Júpiter, Venus, Luna* en *Aries* o *Tauro.*

Loto *(Lotus* y del griego *lotós).* Desde el punto de vista religioso tiene el mismo significado que el Lirio. Bhodisât lo presenta a Maya. Planta del *Sol.* H. P. Blavatsky, en su *Glosario Teosófico*, escribe lo siguiente: «Planta de cualidades sumamente ocultas, sagrada en Egipto, en la India y en otras partes. Llámanla el «Hijo del Universo que lleva en su seno la semejanza de su Madre». Hubo un tiempo en que «el mundo era un Loto *(padma)* de oro», dice la alegoría. Una gran variedad de estas plantas, desde el majestuoso Loto de la India hasta el Loto de los pantanos (trébol de pata de ave) y el *Dioscóridis* griego, se usa como alimento en Creta y en otras islas. Es una especie de *Nymphœa*, introducida al principio de la India en Egipto, de donde no era indígena. Los egipcios han visto en el Loto un símbolo del renacimiento del Sol y de la Resurrección. Por este motivo lo colocan sobre la cabeza de Nowré-Toum. Horus es representado saliendo del cáliz de esta flor. Signo planetario : *Sol.* Signo zodiacal : *Leo.*

Lúpulo *(Húmulus lúpulus).* Esta planta tiene propiedades amargas, sedantes y anafrodisíacas. Favorece la digestión en los casos de dispepsias y calma los dolores del cáncer del estómago. Está indicado contra la escrófula y el linfatismo. Es un remedio excelente para combatir el insomnio nervioso y las poluciones nocturnas. Es muy útil, además, en las convalecencias, en el escorbuto, en los infartos del hígado y del bazo, en los catarros y en la jaqueca. Se propina en infusión a la dosis de 15 gramos por litro. Se aplica externamente, en tintura, a la dosis de 2 a 4 gramos, como calmante en las úlceras cancerosas. El Lúpulo, a corta dosis, aumenta el apetito. La raíz es un enérgico depurativo de la sangre. Para combatir el eretismo genital y curar la espermatorrea se prescribe el *lupulino.*

que así se llama el polvo que contiene la planta en sus conos. Estos conos se recolectan a últimos de agosto, se les somete a una desecación que no altera su aroma ni su sabor y se emplean en la fabricación de la cerveza. Planetas : *Saturno* y *Luna*.

Llantén *(Plantago major)*. Las hojas de esta hierba son astringentes y de uso popular en gargarismos para curar las inflamaciones de la boca y, en loción, las de los ojos. Además, obran como un buen pectoral en los catarros de los bronquios. Aplicadas directamente (bien machacadas), cicatrizan las úlceras y las heridas en general. El cocimiento se prepara del modo siguiente : En medio litro de agua, se hacen hervir, durante veinte minutos, 10 gramos de hojas trituradas. La raíz es buena contra la jaqueca. Tomada con vino, es un contraveneno del opio. La semilla, reducida a polvo impalpable, mezclada con vino, ataja la disentería. *Botánica oculta:* Cálido y algo húmedo. La planta entera, llevada encima, preserva de maleficios. *Aries* y *Leo*. *Sol*. Se coge cuando el *Sol* y la *Luna* están en *Cáncer*, o bien cuando está en *Piscis* y la *Luna* en *Cáncer*.

Mandrágora. *(Pánax quinquefólium).* Se emplea poco en medicina, en cambio, desempeña un papel muy importante en las artes mágicas. *Botánica oculta:* Esta planta era conocida por los hebreos con el nombre de *Jabora.* Forma parte en la composición del ungüento de los brujos, para asistir al Aquelarre. La raíz es un poderoso condensador de las fuerzas astrales. Los brujos chinos, emplean esta planta, llamada por ellos *Ging-Seng,* para producir la locura o causar terribles sufrimientos. Para ello deben coger la planta bajo determinada influencia astrológica y manipularla según un rito maléfico. Los datos siguientes han sido extraídos del *Glosario Teosófico,* de H. P. Blavatsky: La raíz de esta planta tiene forma humana. En Ocultismo es utilizada por los magos negros para varios fines malvados, y algunos ocultistas «de la mano izquierda» hacen *homúnculus* con ella. Según creencia vulgar, lanza gritos cuando se la arranca de la tierra. Desde los más remotos tiempos ha sido la planta mágica por excelencia. Sus raíces no tienen aparentemente tallo, y de su cabeza brotan grandes hojas, como una gigantesca mata de cabello. Presentan poca semejanza con el hombre cuando se las encuentra en España, Italia, Asia Menor o Siria ; pero en la isla de Candía y en Caramania, cerca de la ciudad de Adán, tienen una forma humana que asombra y son sumamente apreciadas como amuletos. También las llevan las mujeres a guisa de amuleto contra la esterilidad y otros fines diversos. Son especialmente eficaces en la Magia Negra. Los antiguos germanos veneraban como dioses lares unos ídolos disformes fabricados con la raíz de la Mandrágora, y de ahí su nombre de *alrunes*, derivado de la voz alemana *Alraune* (Mandrágoras). Aquellos que poseían una de tales figuras se consideraban felices, puesto que ellas velaban constantemente por la casa y sus moradores. Asimismo, con dichas figuritas, predecían el porvenir, emitiendo ciertos sonidos o voces. El poseedor de una Mandrágora, además, obtenía, por su influencia, cuantiosos bienes y riquezas. Traducimos del *Dictionnaire Infernal*, de Collin de Plancy : «Mandrágoras : Demonios familiares. Aparecen bajo la forma de hombres pequeñitos, sin barba y con los cabellos enmarañados.

Los antiguos atribuían maravillosas virtudes a la planta llamada Mandrágora, tales como la de hacer fecundas a las mujeres estériles y la de atraer toda clase de bienandanzas. Las más prodigiosas de estas raíces eran las que habían sido rociadas con la orina de un ahorcado, pero no se podían arrancar sin morir, y para evitar esta desgracia, ahondaban la tierra del alrededor de la raíz, ataban el extremo de una cuerda de cáñamo en ella, y el otro extremo al cuello de un perro negro, al cual le propinaban unos buenos latigazos para que, al huir, arrancara la raíz. El pobre animal moría en esta operación, mientras tanto, el dichoso mortal que poseía esta raíz era dueño de un poderoso talismán, un tesoro inestimable, puesto que con ella lo conseguía todo. Planeta : *Saturno*. Signo zodiacal : *Capricornio*.

Manzano *(Pyrus malus)*. La corteza de la raíz fresca del Manzano, a la dosis de 60 gramos por 200 de agua, corta los accesos de las fiebres, sobre todo si se ha hecho preceder su empleo de un ligero vomitivo seguido de un purgante. Al exterior, se usa la pulpa del fruto asado, en cataplasmas, para combatir los molestosos orzuelos. Para ello, la camuesa es la mejor. *Botánica oculta:* Árbol consagrado a Ceres. En el célebre tratado de Oneirocrítica, de Artemidoro de Daldia, titulado *De Somniorum interpretatione*, le dedica un largo espacio a los sueños relacionados con el Manzano y sus frutos. «El Manzano representa el oficio del hombre, su profesión, su empleo, etc. Si sueña comer manzanas dulces, un artista : la gloria le sonreirá muy pronto ; un comerciante : realizará grandes negocios ; un enamorado : será feliz en su amor ; un militar : alcanzará grandes honores. Y así, en este sentido, se puede colegir en los demás casos. Si se sueña que se comen manzanas verdes, la predicción tardará más en realizarse. Si están agrias, los presagios serán adversos» (*). Frío y ligeramente seco. El tallo es de *Escorpio*. Las hojas son de *Géminis* y *Virgo*. El fruto es de *Venus*.

(*) ¿Tienen significado los sueños? Lo tienen que tener, como todos los fenómenos y acontecimientos. Se originan y producen por alguna razón y, obedeciendo a una causa, responden a ella tan fatalmente como la caída de los cuerpos o un hecho cualquiera. — RAFAEL URBANO.

«El hombre en el sueño puede conocer y recibir sabiduría. Durmiendo, se pueden prever las cosas futuras.» SANTO TOMÁS, en *Summa Theologica*.

Manzanilla. *(Anthemis nobilis).* Llamada Manzanilla romana y también Camamila. La parte que se utiliza son sus flores o cabezuelas. Sus principales cualidades son tónicas, antiespasmódicas y antihistéricas. Se emplea en los cortes de digestión y en los cólicos espasmódicos y ventosos. Calma el histerismo y la excitación de las personas fácilmente excitables. Infusión : Cabezuelas, 5 gramos. Agua, 500 gramos. *Botánica oculta:* Ligeramente cálida y húmeda. Planeta : *Sol.* Signo zodiacal : *Libra.*

Marrubio. *(Marrubium vulgare).* Tiene propiedades estimulantes y reconstituyentes. Es, además, laxante, diaforética y un buen tónico digestivo. Da muy buenos resultados en las afecciones respiratorias, en la tos rebelde y en la tuberculosis. Se aplica contra el histerismo, la clorosis, las calenturas y para ayudar los partos. Su uso prolongado combate la obesidad. Se administra en infusión. En medio litro de agua se hacen hervir 10 gramos de material triturado ; se deja enfriar y se cuela. El jugo de esta planta, aplicado en unturas, detiene la caída del cabello. *Botánica oculta:* Se coge bajo el signo zodiacal de *Virgo.*

Melisa *(Melyssa officinalis)*. Conocida con el nombre de Toronjil. Se emplea contra el histerismo y la hipocondría; en los estados espasmódicos, desfallecimientos, vértigos, jaquecas y en la atonía estomacal. Su uso más corriente es en infusión. En medio litro de agua se hacen hervir 5 gramos de la planta, desmenuzada. Dosis: Una tacita cada hora, o más, según los casos. Se emplea en lociones para curar la debilidad de la vista; produce excelentes efectos en llagas y heridas. *Botánica oculta:* Las sibilas de los templos de Cumas, de Delfos, de Eritrea, de Libia y de otros se servían, para despertar su inspiración, de un brebaje dinámico en el cual entraba la Melisa en su mayor parte. Según una antigua tradición, si se le cuelga al cuello de un buey una mata entera, la bestia seguirá obedientemente por todas partes al que se la puso. Planetas: *Sol* y *Júpiter*.

Mercurial. *(Mercurialis annua)*. Se emplea la planta fresca. Es laxante y, a grandes dosis, purgante. Es, además, un buen diurético recomendado en la hidropesía. Se aconseja también en las lombrices intestinales y en las almorranas incipientes. Detiene la secreción de la leche en las nodrizas. Las personas de estómago delicado deberán abstenerse del uso de esta planta. Se emplea el zumo : De 10 a 20 gramos. Dosis : Como laxantes, de 5 a 10 gramos, por las mañanas, en ayunas. Para las demás afecciones, de 3 a 4 gramos diarios, diluídos en agua azucarada y repartidos en tres tomas. En lavativas : Mercurial, 125 gramos. Agua hirviendo, 1.000 gramos. Después de reposar dos horas, añadir 1.000 gramos de miel blanca. *Botánica oculta:* Fría y húmeda. Su jugo, en decocción, facilita la concepción de un niño, si la mujer, durante cuatro días, ha empleado planta macho ; o de una niña, si ha utilizado planta hembra. Planeta : *Luna.* Signo zodiacal : *Virgo.*

Mescal *(Anhalónium Levinii).* Las hojas frescas de este cactus, masticadas, producen alucinaciones aterradoras ; con las hojas secas también masticadas, se obtienen visiones alegres, de carácter erótico. Esta planta es muy buscada por los indios de Texas y Nuevo Méjico. El cactus, en todas sus variedades, trae suerte, según la creencia popular. Debe cogerse a la hora de *Saturno.*

Milenrama *(Achillea Millefólium)*. La raíz tiene un olor alcanforado ; se administra en infusión con 20 gramos por litro de agua, preparándola al momento de propinarla, pues se altera con el contacto del aire. Las hojas y flores son astringentes ; son útiles en las hemorroides, hemorragias uterinas y en las hemoptisis. Las hojas, en cocimiento, se aplican exteriormente para cicatrizar las heridas. Planetas : *Sol* y *Luna*. Signo zodiacal : *Cáncer*.

Mirto *(Myrtus communis)*. Se recomienda para cicatrizar contusiones y llagas. Aplicado externamente, se usa en polvo o en cocimiento. Este se verifica del modo siguiente : En medio litro de agua se hacen hervir, durante quince minutos, 10 gramos de hojas y frutos de Mirto. Se aplican sobre el mal compresas de algodón, bien empapado en el líquido. Los vapores de su infusión, aspirados por la boca, curan la jaqueca. El fruto, desecado, pulverizado y confitado con clara de huevo, en forma de emplasto sobre el estómago, detiene los vómitos. *Botánica oculta:* El Mirto fué consagrado a Venus y a los dioses lares. Es el emblema de la Compasión. Las ramas, hojas y frutos de esta planta, cuando están completamente secos, se desmenuzan y se mezclan con ramas de ciprés, igualmente secas ; se queman en un braserillo y, al producirse la llama, se echa sobre ella una pequeña cantidad de incienso macho. Así se obtienen unos perfumes mágicos de gran valor para atraerse las entidades del Astral. Se emplea el Mirto en diversas operaciones de magia erótica. Frío y seco. Planeta : *Venus*. Signo zodiacal : *Tauro*.

Mirra *(Myrrha Commyfora abissynica)*. En terapéutica tiene un campo muy reducido. Generalmente se la utiliza en polvo, que se aplica sobre las úlceras cancerosas, y en sahumerio, para desinfectar la habitación de un enfermo. *Botánica oculta:* Esta fragante resina, dice la Mitología, fué producida por las lágrimas de la diosa Mirra, que se unió incestuosamente con su padre, y concibió al gentil Adonis. Según Van Helmont, la mirra disuelta en alcohol, y tomada en determinadas dosis, prolonga la vida y evita un sinfín de enfermedades. De la Mirra se hace un uso extraordinario en diversas operaciones así teúrgicas como goéticas. La siguiente composición es la de un excelente perfume mágico, muy recomendable durante la ejecución de cualquier trabajo de alta magia : Mirra, 150 gramos. Estoraque, 100 gramos. Benjuí, 100 gramos. Incienso, 100 gramos. Cascarilla, 50 gramos. Se quema sobre un pequeño vaso metálico, rociando la composición con alcohol de 90 grados. Planeta : *Venus.*

Muérdago *(Viscum álbum).* Esta planta, tan famosa en la antigüedad, está relegada hoy casi al olvido. La ciencia médica prescinde de ella y, sin embargo, tiene algunas cualidades terapéuticas bastante apreciables, pues sabido es que da excelentes resultados en diversas enfermedades nerviosas, como, por ejemplo, en las convulsiones y en la epilepsia. En dichas enfermedades se emplea el Muérdago en cocimiento. Éste se obtiene haciendo hervir, durante quince minutos, 5 gramos de material triturado, en medio litro de agua. Dosis : Una tacita cada cuatro horas. Según Plinio, la infusión del Muérdago, tomada a fines del período menstrual, facilita la concepción y combate, en muchos casos, la esterilidad. *Botánica oculta:* Los druidas, por Navidad, a la hora astrológica propicia, celebraban pomposamente la recogida de las bayas del Muérdago. Estas bayas, saturadas del triple fluidismo del árbol, de los astros y de la fe de los asistentes a la ceremonia, se convertían en poderosos condensadores magnéticos que utilizaban para realizar curas maravillosas, en casos verdaderamente desesperados. He aquí lo que dice, en su *Glosario Teosófico*, H. P. Blavatsky: Muérdago: Este curioso vegetal, que crece solo como un parásito en varios árboles, como el manzano y la encina, era una planta mística en diversas religiones antiguas, y, sobre todo, en la de los druidas celtas. Sus sacerdotes cortaban el Muérdago en ciertas estaciones, con muchas ceremonias y sirviéndose sólo de una falce de oro, especialmente consagrada. Hislop insinúa la idea, a modo de explicación religiosa, de que siendo el Muérdago una Rama que brota de un Árbol-Madre, fué adorado como una Rama divina salida de un Árbol terrestre, la unión de la Divinidad con la Humanidad. El nombre de esta planta, en alemán, significa «todo lo cura». Compárese la Rama de Oro, de la *Eneida*, de Virgilio (VI, 126) y Plinio,

Historia Natural (XVII, 44): «Sacerdos cándida veste cultus arborem scandit, falce áurea demetit.» [Un sacerdote vestido de blanco, sube al árbol y corta el Muérdago con una falce de oro.] Entre los druidas, esta planta parásita simboliza el sacrificio divino, el descenso del Espíritu a la Materia.» Frío y seco. Signo del zodíaco: *Tauro.*

Musgo *(Fucus purpúreus).* Se emplea contra las lombrices de los niños. Se administra en polvo, a la dosis de 1 gramo a 2 gramos, antes de los tres años; de 2 a 5 gramos, después de los cinco años. También puede propinarse en cocimiento en agua o leche, a la dosis de 5 a 15 gramos. En decocción, detiene la caída del cabello; refuerza la dentadura y corta los flujos de sangre. Planeta: *Saturno.*

Nabo *(Brassica napus).* Cocido bajo cenizas y aplicado detrás las orejas, calma el dolor de muelas. Para calmar la picazón de los sabañones, aplíquese cataplasmas de Nabo pelado y cocido. Contra el catarro, la bronquitis y la tos ferina, se emplea la raíz en decocción. Con esta raíz se condimenta una sopa excelente para las personas que sufren inflamación de los intestinos. Planeta : *Luna.* Signo zodiacal : *Capricornio.*

Narciso *(Narcissus pseudonarcissus).* Tiene cualidades antiespasmódicas, astringentes, eméticas y febrífugas. Se emplea en las toses nerviosas y en la coqueluche. Usado externamente es un buen emenagogo. Las flores desecadas rápidamente conservan su color amarillo ; en este caso son antiespasmódicas y narcóticas. Se cita el caso de una señorita de Valenciennes que padecía grandes convulsiones y que, al dejar casualmente en su habitación un crecido numero de flores de Narciso, le permitió pasar varias noches consecutivas sin la menor incomodidad, y le repitieron los ataques al día siguiente de haber retirado las flores. Según los antiguos, el agua destilada de su raíz, aumenta considerablemente la secreción de la esperma. En loción, endurece los senos. *Botánica oculta:* Frío y seco. Los antiguos dedicaron la flor del Narciso a las Furias y a Plutón. Llevándola consigo se atrae la amistad de las vírgenes. Planeta : *Venus.* Signos zodiacales : *Tauro* y *Leo.*

Nogal *(Juglans regia)*. Las hojas frescas, en infusión, son un excelente remedio para combatir las escrófulas y la ictericia. La infusión se obtiene haciendo hervir 10 gramos de hojas, en medio litro de agua. Las inyecciones vaginales curan las flores blancas (leucorrea). En loción, evita la caída del cabello. El olor de las hojas atrae las pulgas. Planeta : *Luna*. Signo zodiacal : *Sagitario*.

Olivo *(Olea europea)*. La flor y el fruto (aceituna) se hallan solamente en los tallos que tienen dos años. En terapéutica se emplean las hojas y la corteza. El aceite tiene también diversas aplicaciones. La infusión de hojas y corteza del Olivo es excelente para lavar toda clase de llagas. Para expulsar las lombrices intestinales se tomará una taza diaria, en ayunas. La infusión se obtiene haciendo hervir 10 gramos de material desmenuzado, en medio litro de agua. Pasados los primeros hervores, déjese enfriar y cuélese. El aceite puro de olivas es un laxante excelente. Con él se cura el estreñimiento más rebelde tomando, en ayunas, una cucharada, durante algún tiempo. Asimismo, los que padecen cólicos hepáticos y nefríticos, encuentran un marcado alivio con este sencillo remedio. Además, el aceite puro de olivas, mezclado con yema de huevo, aplicado sobre quemaduras, calma prontamente el dolor. *Botánica oculta:* Los antiguos consagraron el Olivo a la diosa Minerva. Un ramo de Olivo es el emblema de la Paz. El aceite es un condensador poderoso de la luz; es de gran utilidad en la medicina y se emplea en diversas operaciones mágicas. Si se escribe con tinta celeste (*) la palabra ATHENA sobre una hoja de olivo y se ata ésta a la cabeza, hace desvanecer toda clase de inquietud, malhumor e ideas negras. Planeta : *Júpiter*. Signo zodiacal : *Piscis*.

Olmo *(Ulmus campestris)*. Se emplea la corteza de las ramas, quitándoles la piel que las rodea. Es bueno contra toda clase de afecciones de la piel, escorbuto, calenturas, ciática, reumatismo, úlceras cancerosas y escrófulas en general. Se administra en cocimiento, que se obtiene haciendo hervir, durante veinte minutos, 10 gramos de

(*) La fórmula de esta tinta se halla en el *Enchiridion Leonis Papæ*. Reproducción de la edición hecha en Roma en 1740, por el Mago Bruno.

material contundido en medio litro de agua. Dosis : Cuatro tacitas al día, durante bastante tiempo. *Botánica oculta:* Una creencia muy extendida en la Bretaña y en algunos otros países : Una pata de golondrina prendida a una rama de este árbol, atrae los pájaros de dos leguas a la redonda. Planetas : *Júpiter* y *Marte*.

Ortiga *(Urtica dioica)*. El zumo de la Ortiga es empleado para detener la hematuria, metrorragia, epistaxis y en las hemorragias en general. La raíz es pectoral. *Botánica oculta:* La Ortiga es el emblema de la Lujuria. Si se coge esta planta cuando la *Luna* está en *Escorpio*, tiene la virtud de dar valentía y audacia, llevándola encima el que la ha cogido. Una planta de ortigas puesta en los orines de un enfermo y dejada en ellos por espacio de veinticuatro horas, indicará : si seca, la muerte del enfermo ; si permanece verde, que saldrá en bien de la enfermedad. Cálida y seca. Para fines terapéuticos debe cogerse cuando el *Sol* está en *Leo* o la *Luna* en *Géminis*.

Orchilla *(Usnea plantárum)*. Planta de la familia de los líquenes, llamada también Usnea, como en latín. La terapéutica moderna la tiene completamente olvidada. Sin embargo, los antiguos, y entre ellos Paracelso, recogían la que hallaban adherida en el cráneo de los cadáveres, y con ella componían ungüentos maravillosos. Planetas : *Luna* y *Saturno*.

Palmera *(Phœnix datilífera)*. Se emplean sus frutos para combatir los catarros bronquiales, enfermedades de la vejiga y toda clase de inflamaciones. La mejor manera de administrarlos es en cocimiento, que se obtiene haciendo hervir, durante veinticinco minutos, 25 gramos de dátiles, machacados, sin el hueso, en medio litro de agua. Dosis : Cinco tazas, o más, al día. *Botánica oculta:* La Palmera estaba consagrada a Júpiter, y constituía el emblema de la Victoria, particularmente del triunfo místico. Se desarrolla, como éste, de dentro hacia afuera. Planeta : *Sol*.

Parietaria *(Parietaria diffusa)*. Se emplea la planta entera y fresca. Da excelentes resultados en la hidropesía, en las inflamaciones del riñón, en los cálculos y catarros de la vejiga y en la enteritis. Se usa en cocimiento, que se obtiene haciendo hervir, durante diez minutos, 10 gramos de material desmenuzado en medio litro de agua. Se usa al exterior, en cataplasmas, compuestas con material fresco, colocadas sobre el vientre. *Botánica oculta:* Planta dedicada a San Pedro. Emblema de la Pobreza. Planeta : *Saturno.* Signos zodiacales : *Libra* y *Acuario.*

Peyote *(Echinocactus Villianosii).* Desconocemos sus propiedades medicinales. *Botánica oculta:* El notable escritor espírita Quintín López Gómez, en su interesante *Diccionario de Metapsíquica,* dice lo siguiente, refiriéndose a la maravillosa planta llamada Peyote : «Planta pequeña que sólo se encuentra en las estepas del Norte y del Centro de México. Su absorción, en cualquiera de las preparaciones que con ella se hacen, produce una sobreexcitación general agradable, y tras ella, visiones de incomparable belleza. Se ha ensayado su uso en la provocación de la metagnomia perceptiva (visión) y ha dado sorprendentes resultados. El Dr. Jaworski, dice : El sujeto cree que abandona su cuerpo y remonta en alas. Su concepción ordinaria de la vida cambia por completo. Se cree omnisciente y que ha entrado en la verdadera vida. Dice que la vida ordinaria es una vida anormal, y la que él disfruta en tal instante, la vida normal. Lo sabe todo, lo entiende todo y asegura que lo que experimenta no tiene traducción en lenguaje humano». En la misma obra se lee lo siguiente : «*Plantas adivinatorias:* Se ha probado científicamente que la absorción de ciertas plantas, el Peyote, el Yagé, la Ouganda, etc., producen un estado de obnubilación con metagnosia, que se puede dirigir sobre un individuo o sobre un lugar».

Pino *(Pinus sylvestris)*. Los botones del Pino tienen propiedades tónicas, excitantes, diuréticas, anticatarrales y sudoríficas. Por lo tanto se recomiendan contra la hidropesía, retenciones de orina, sífilis, asma, catarros bronquiales, reumatismo, escorbuto y escrófulas en general. Se administra en infusión, la que se obtiene haciendo *hervir 15 gramos* de material en medio litro de agua. Dosis : Una tacita cada tres horas, cuando se busca alivio solamente en una afección transitoria ; cuatro vasitos, al día, si se trata de curar una enfermedad declarada. Wifredo Boué, en su excelente *Tratado popular de plantas medicinales*, dice lo siguiente: «Los botones del Pino son excitantes y se recomiendan para prevenir y también curar la impotencia.» Luego da la preciosa receta, que es como sigue: «Botones del Pino, cuatro. Agua, un litro. Cocimiento: tres minutos.» Según el mismo autor, las flores del Pino, tienen efectos análogos, pero no tan enérgicos. La trementina, conocida vulgarmente, con el nombre de *aceite de trementina*, se extrae por incisiones hechas en el tronco del Pino y de todas las coníferas. Es un excitante del sistema nervioso y tiene una acción particular sobre las membranas mucosas, a la dosis de 1 a 2 gramos; elevándola progresivamente, es muy eficaz en los catarros crónicos del pulmón y de la vegija y en la diarrea atónica. El principio activo reside en la esencia de trementina (aguarrás); se la aisla por destilación. Puede administrarse desde unas gotas a 2 gramos. Ejerce una acción muy marcada sobre el sistema nervioso; se emplea con éxito en las neuralgias ciáticas rebeldes. Al exterior, da muy buenos resultados como rubefaciente y produce una revulsión útil en la bronquitis crónica, neuralgias, reumatismo muscular, etcétera. *Botánica oculta:* El Pino estaba consagrado a Cibeles y a Pan. Es una de las esencias arborescentes más antiguas de la tierra. Su fruto, la piña, sirve para revelar el número místico de una persona. Al amanecer el día nos hallaremos ya en el bosque de pinos. Así que el disco solar empiece a traspasar el horizonte, daremos un paseo circular, lo más extenso posible, de modo que al volver al punto de partida el sol esté visible por completo. El número de piñas caídas que hayamos podido contar durante nuestra marcha, éste será el número místico que nos pertenece ; el número que gobernará determinados acontecimientos importantes de nuestra vida. Planeta : *Saturno*. Signo zodiacal : *Cáncer*. La piña pertenece a *Aries*.

Reseda *(Reseda vulgaris).* Esta planta, llamada también Miñoneta, no se usa apenas en la terapéutica actual. Su raíz es aperitiva, detersiva y resolutiva. *Botánica oculta:* Planta dedicada a San Lucas. La vidente Catalina Emmerich afirma que dicho evangelista se servía de esta planta empapada de aceite para dar unciones a los enfermos. También la usaba desecada, en infusión. En la mística divina tiene una relación muy particular con la Virgen María. Es símbolo de la Dulzura. Planetas: *Sol* y *Venus*.

Ricino *(Ricinus communis)*. De esta planta se emplean las hojas y las semillas. Éstas son purgantes, si se toman en número de cinco; si se toman dos solamente, se consigue el efecto de un laxante. Las hojas cicatrizan las heridas, recubriéndolas con ellas. El aceite de ricino es el purgante por excelencia, tomado en ayunas, a la dosis de 30 gramos. Para hacer agradable su ingestión debe mezclarse con jarabe, aromatizado con unas gotas de limón. Tomado a la dosis de 5 gramos y en iguales condiciones, resulta un laxante muy recomendable. *Botánica oculta:* Cálido y húmedo. Cogido cuando el *Sol* está en *Leo*, y llevado encima, preserva de toda fascinación. Evita asimismo toda clase de hechizos y no se pueden padecer terrores, visiones espantables, etc. Para los efectos curativos: *Júpiter* en *Piscis*.

Romero *(Rosmarinus officinalis)*. De esta preciosa planta se utilizan las hojas y sumidades floridas. Posee cualidades tónicas y estimulantes. Es antiséptica y emenagoga. Da muy buenos resultados en la dispensia con atonía, en la anemia y clorosis, en la escrófula, en las bronquitis crónicas y hasta en la tisis. Combate eficazmente la fetidez del aliento. Para el interior, se usa la infusión. Ésta se obtiene haciendo hervir 10 gramos de sumidades desmenuzadas en medio litro de agua. Dosis : Cuatro o cinco tazas diarias. Externamente, tiene también muchos usos. En lociones, para combatir la debilidad de la vista, y es, asimismo, excelente contra las llagas gangrenosas. En lavativas, para curar la diarrea atónica, y en inyecciones, para suprimir los flujos leucorrcicos. En el precioso *Libro de los Remedios*, de Fray Anselmo, se da la importancia que merece la planta del Romero. Se enumeran el sinfín de propiedades curativas que posee, publica, además, la fórmula del Vino maravilloso del Romero. *Botánica oculta:* Planta consagrada a los dioses lares. Paracelso hace grandes elogios de sus flores, que llama *Anthos*. Tiene muchas aplicaciones en diversos trabajos de magia negra. Curanderos místicos rezan ante esta planta a la hora del crepúsculo vespertino; terminada la oración arrancan dos ramitas y forman con ellas una cruz, la envuelven en seguida en una bolsita de lino y la entregan al enfermo que pretenden curar. Las oraciones que recitan son, generalmente, sacadas del *Enchiridion Leonis Papæ*. Planetas: *Sol* y *Júpiter*. Signo zodiacal: *Aries*.

Rosa *(Rosæ vulgaris)*. Se usa muy poco en la terapéutica moderna. Por lo común, se emplea hoy solamente el agua de rosas para lavar los ojos. Avicena, en su *Opera medica arabice*, dice lo siguiente, referente a la Rosa (que estudia en sus múltiples variedades): «En jarabe o en infuso, facilita la concepción, siempre que las flores sean rojas *(rosæ rubræ)*. El agua destilada de las rosas blancas *(rosæ albæ)* es excelente para las enfermedades venéreas y para las inflamaciones de los ojos.» *Botánica oculta:* La Rosa era una flor iniciática en diversas órdenes religiosas de la antigüedad. Actualmente el arte sagrado sigue considerando la Rosa como el emblema del Amor, de la Paciencia, del Martirio, de la Virgen (Rosa Mística). El domingo cuarto de Cuaresma bendice el Sumo Pontífice todos los años la Rosa de Oro, que se considera como uno de tantos sacramentales que la iglesia católica ofrece en su liturgia. La Rosa es la primera de las doce plantas empleadas por la fraternidad Rosa † Cruz. Planetas : *Venus* y *Júpiter*. Signo zodiacal : *Tauro*.

Rosa de Jericó *(Rosa Hiericontea)*. Crece en los desiertos de la Arabia y en las riberas del Mar Rojo, pero nunca en Jericó. Según los antiguos, tomada en infusión o en polvo, cura el escorbuto. La terapéutica moderna no le concede ningún valor. La Rosa de Jericó puede servir de higrómetro, por ser muy susceptible a las variaciones atmosféricas. En tiempo seco, permanece completamente cerrada; en tiempo húmedo, se abre con lentitud; si amenaza lluvia, se desenvuelve esplendorosamente y con más o menos rapidez, según sea la proximidad de descargar las nubes. Los efectos de este higrómetro vegetal se hacen más perceptibles si se tiene a la intemperie que en el interior de las habitaciones. *Botánica oculta:* El jugo de esta planta, cogida a la hora de *Saturno* en *Cáncer*, mezclado con vino generoso, y bebido en ayunas, produce alucinaciones de carácter místico. J. B. Thiers, en su *Traité des Superstitions*, anota la siguiente, referente a la Rosa de Jericó : «Está muy extendida en tierras de Provenza, la creencia de que si una mujer embarazada coloca una de estas flores en un vaso lleno de agua de lluvia, y la flor se despliega con ufanía, será señal ciertísima de tener un parto feliz.» Conocidas las propiedades higrométricas de esta planta, vemos la inanidad de semejante creencia. Planeta : *Saturno*. Signo zodiacal : *Cáncer*.

Ruda *(Ruta graveolens)*. Tomada en infusión es buena contra la epilepsia, el histerismo y para combatir las hemorragias uterinas, fuera del embarazo. Da también muy buenos resultados en las menorragias de las anémicas. Las mujeres embarazadas deben abstenerse de su empleo, pues predispone al aborto, acompañado de graves peligros. La infusión se obtiene haciendo hervir un gramo de hojas de esta planta en medio litro de agua. Dosis : Cuatro tacitas al día. Alexis Piamontois, dice en su *Libro de Secretos:* «Machacada con salvia y puesta en vinagre, cura las fiebres tercianas y cuartanas. Cura asimismo la pobreza de sangre y destruye los vermes.» *Botánica oculta:* En los perfumes de Saturno entran en mayor parte los granos de esta planta. Unas ramitas de Ruda llevadas encima preservan de todo embrujamiento; asimismo, evita los sustos. En un libro apócrifo titulado *Les admirables secrets d'Albert-le-Grand*, se lee lo siguiente: «Un brote de Ruda colocado bajo el ala de un ave de corral, le preserva de los ataques del zorro y de cualquier otro animal enemigo.» *Cálida* y algo seca. Planetas: *Saturno* y *Marte*. Signos zodiacales: *Libra* y *Sagitario*.

Saúco *(Sambucus nigra)*. Las flores de saúco son sudoríficas. Se emplean en las anginas, en las bronquitis, en los catarros y en la escarlatina. Para uso externo son muy usadas contra los forúnculos y la erisipela, ya aplicando pañuelos sahumados o poniendo sobre la parte enferma algodón empapado con el cocimiento. La infusión se obtiene haciendo hervir 5 gramos de flores en medio litro de agua. Dosis: Una tacita bien caliente, cada dos horas. Si se desean obtener resultados sudoríficos, debe tomarse una tacita bien caliente, cada quince minutos. La corteza es diurética y purgante. En el libro *Les secrets du Seigneur Alexis Piemontois*, leemos lo que sigue: «El aceite de sus granos o puestos en infusión, curan la gota. El muérdago que cría esta planta, cuando ésta crece cerca de un sauce, constituye un buen remedio para curar la epilepsia. Sus flores curan las quemaduras. Su corteza se emplea contra la hidropesía. El agua de sus hojas, ahuyenta las moscas.» *Botánica oculta:* Cálido y seco. Emblema de los Celos. Las propiedades curativas de esta planta serán mucho más eficaces si se coge un poco antes de la Luna nueva, en octubre. La raíz debe dividirse en nueve pedazos. Para las operaciones mágicas debe cogerse bajo el signo de *Leo.* Planeta: *Venus.*

Serpentaria *(Aristolochia serpentaria).* Se emplea contra las lombrices intestinales, contra las fiebres malignas, contra la dispepsia, contra el reumatismo y, sobre todo, contra las mordeduras de animales ponzoñosos (áspides, serpientes, alacranes, etc.). Se administra en infusión, la que se obtiene haciendo hervir 8 gramos de material pulverizado en 400 gramos de agua. Dosis:

Una tacita cada hora, lo más caliente que se pueda soportar. Para uso externo, se aplica la planta machacada, o bien su jugo, sobre la mordedura causada por el animal venenoso. *Botánica oculta:* Fría y seca. Los saltimbanquis africanos, para encantar las serpientes, se sirven, además de la fascinación, del olor que se desprende de la raíz de esta planta, con lo cual consiguen más fácilmente su objeto. Es esta hierba un poderoso acumulador de fluidos astrales, bajo cualquiera de sus formas.

Sésamo *(Sesámum orientale)*. Esta planta se cultiva en Oriente y es muy apreciada por su fruto, del cual se extrae un aceite de sabor muy dulce y tiene un consumo considerable en el arte culinario de la India. Este aceite vuelve obesos a los que hacen un uso prolongado ; relaja el sistema adiposo, lo cual facilita la formación de hernias. Las semillas del Sésamo son lactíferas y ligeramente purgantes. *Botánica oculta:* En sánscrito, el nombre de esta planta es Tila. Los indios emplean sus granos para componer perfumes que queman durante los sacrificios domésticos dedicados a los manes de sus antepasados o Pitris.

Tamarindo *(Tamarindus índica)*. Está indicado para combatir el estreñimiento, el escorbuto, las afecciones biliosas y la disentería. Se administra en infusión, la que se obtiene haciendo hervir unos minutos 10 gramos de pulpa del fruto en medio litro de agua. Dosis : Cuatro tacitas al día. Esta pulpa es, además, atemperante ; desleída en agua da una limonada de sabor agradable, útil para apagar la sed y hacer cesar el calor general que acompaña a la invasión de las enfermedades agudas. Dice Alexis Piemontois : «Los frutos del Tamarindo puestos en infusión con vino generoso, curan las enfermedades del bazo, el dolor de muelas y la lepra. La mejor especie es la que da frutos agrios y negros o rojizos.» *Botánica oculta:* Los frutos de esta planta constituyen un buen alimento para los médiums videntes, pues coadyuva las facultades criptoscópicas y adivinatorias. Planetas : *Sol* y *Saturno*.

Té de la China *(Thea chinensis)*. Pequeño arbusto que se cría principalmente en la China y en el Japón, y cuyo cultivo se ha propagado en la India, en el Brasil y en Europa. Es diurético y estimulante. *Bo-*

tánica oculta: Su infusión la empleaban los budistas japoneses como brebaje de influencias mágicas para estrechar los vínculos de su comunidad. Planeta : *Mercurio.*

Trébol *(Trifólium pratense).* Hay varias especies y tienen muy poca aplicación en Medicina. Las fumigaciones de Trébol calman los ataques de asma. *Botánica oculta:* En Mística, es el emblema de la Trinidad. Es creencia muy extendida que el que halla y coge para sí mismo un trébol de cuatro hojas, será afortunado en los juegos de azar. Un trébol de cuatro hojas no es tan difícil de poseer como algunos creen, más difícil es, seguramente, de que dé el resultado que de él se espera. Dice H. P. Blavatsky, en su *Glosario Teosófico:* «Trébol o Trifolio : Como el Trifolio irlandés, tiene un significado simbólico : el misterio de Tres en Uno. El Trébol coronaba la cabeza de Osiris, y la corona cayó cuando Tifón dió muerte al dios radiante. Algunos ven en esto un sentido fálico, pero nosotros negamos tal cosa en Ocultismo. Era el Trébol la planta del Espíritu, del Alma y de la Vida.» Planeta : *Mercurio.* Signo zodiacal : *Acuario.*

Trigo *(Tríticum vulgare).* Planta gramínea de la que hay variedades innumerables. Tiene escasas aplicaciones en Medicina. Una cucharada de harina en medio vaso de agua, bebida en ayunas, detiene la diarrea. Al exterior, se emplea en cataplasmas. Las espigas, tostadas en una hoguera de las que se hacen durante la verbena de San Juan, curan el dolor de muelas, y toda clase de abscesos. *Botánica oculta:* Planta de la Suerte. Los granos de Trigo se emplean en diversas operaciones mágicas que tienen por objeto atraer la suerte. Se toman nueve granos de Trigo, de una espiga cogida a la hora planetaria de *Mercurio* o del *Sol*, se colocan en la palma de la mano izquierda, y con la derecha se lanzan sobre ellos efluvios magnéticos, pronunciando a la vez la siguiente invocación :

¡Oh, luciente grano de Trigo!
En ti la abundancia se encierra,
y eres lo más sagrado que hay
sobre la Tierra.
Por eso te bendigo,
en nombre de Adonay,
dorado Trigo.

Se recogen los granos, se envuelven en una bolsita de seda amarilla, se sahuma con los «perfumes del Sol» y se lleva la bolsita encima (*). Esta operación se realiza de cara a Oriente. Planeta : *Sol.* Signo zodiacal : *Virgo.*

Valeriana *(Valleriana officinalis).* De esta planta se utilizan la raíz y el rizoma. Se emplea para combatir con éxito el histerismo, la epilepsia, los espasmos y la corea. Da también excelentes resultados en el insomnio, en los vértigos y en las palpitaciones. Modernamente se la utiliza en la diabetes nerviosa, en la poliuria y en toda clase de neurosis. Se administra en infusión, la que se obtiene haciendo hervir 10 gramos de material en medio litro de agua. Dosis : Cuatro tazas al día. Exteriormente, es un buen tópico para curar las llagas. *Botánica oculta:* Planta muy usada en trabajos de brujería. Durante el sueño hipnótico produce efectos sorprendentes. Es sabido que si se hace oler dicha planta a un sujeto hipnotizado, éste se pone a cuatro patas y a berrear como una bestia hostigada. Planeta : *Saturno.* Signo zodiacal : *Tauro.*

(*) La fórmula de dichos perfumes se halla en el *Gran Grimorio del Papa Honorio.* La mejor edición que conocemos de esta obra, en español, es la publicada por el MAGO BRUNO.

Verbena *(Verbena officinalis).* De esta planta se utilizan las hojas y sumidades; éstas son amargas y excitantes de la digestión. Se emplea como febrífuga, siendo considerada por algunos superior a la Quina. Se administra en infusión, la que se obtiene haciendo hervir 5 gramos de material en medio litro de agua. Dosis: Cuatro tazas diarias. Se utiliza al exterior en lociones para tratar las úlceras y llagas. Antiguamente se concedía a la Verbena mucha más importancia que en los tiempos presentes. Véase, sino, lo que dice Van Helmont, en su notable obra titulada *De Magnética Vulnérum:* «El agua destilada de Verbena se recomienda por su gran eficacia en la debilidad del nervio óptico. En determinadas condiciones, se obtiene con ella un precioso licor, el cual, tomado a muy reducidas dosis, llega a curar a los tuberculosos. La raíz de la Verbena cura los lamparones y las úlceras. Tomada en infusión la raíz y aplicadas las hojas en cataplasmas, curan la rabia. Sus flores, mezcladas con semillas de peonia, curan la debilidad senil.» Sigue enumerando sus propiedades, hasta llenar algunas páginas. *Botánica ocul-*

ta: Una de las doce plantas de la fraternidad Rosa + Cruz. Las flores de esta planta son muy utilizadas en operaciones de magia sexual. Con ellas se compone un filtro de amor irresistible. «Cinco hojas mezcladas con vino y derramado luego en una sala donde se celebre un festín, hará nacer al instante una alegría loca entre los comensales» (Alberto el Grande). El mismo autor dice: «Llevando esta planta en la mano (sin que el enfermo se aperciba), se pregunta a éste por su salud; si contesta «va bien», curará pronto; si contesta «parece que estoy mejor», la enfermedad será larga, pero curará; si contesta «va mal», el enfermo morirá.» Planetas: *Sol* y *Mercurio.* Signo zodiacal: *Libra.*

Verónica *(Verónica officinalis).* De esta planta tienen aplicación únicamente las sumidades. Aumenta la orina y facilita la expectoración. Es usada, sobre todo, en la bronquitis y en la tisis. Se aconseja contra la ictericia y los cálculos. Con las hojas se obtiene el llamado «Té de Europa», que es un excelente digestivo. Se administra en infusión, que se obtiene haciendo hervir 5 gramos de material en medio litro de agua. Exteriormente se utiliza para curar las úlceras. *Botánica oculta:* Cálida y seca. Se coge después de luna llena, al terminar la época canicular. Planeta : *Sol*. Signo zodiacal : *Aries*.

Vincapervinca *(Vinca minor)*. Sus hojas se emplean en la diarrea, en los esputos de sangre, y en la menstruación excesiva. Se recomienda para hacer retirar la leche de las nodrizas. Se administra en infusión, la que se obtiene haciendo hervir 8 gramos de material en medio litro de agua. Exteriormente, se emplea : en gargarismos, contra las inflamaciones de la garganta ; en lavajes vaginales, para curar la leucorrea ; en cataplasmas, contra el infarto de los pechos. *Botánica oculta:* He aquí un fenómeno de magia magnética, que se obtiene con dicha planta y no con otra : Se dejan en infusión, durante diez minutos, 5 gramos de hojas de Vincapervinca ; luego se magnetiza el agua pidiendo, mentalmente, que dicha agua tenga la virtud de mantener la fidelidad conyugal quien beba de ella. Sus efectos son ciertísimos. Fría y seca. Signo planetario : *Venus*. Signo zodiacal : *Tauro*.

Yedra común *(Hedera hélix)*. Todas las partes de esta planta son útiles. Los frutos, a la dosis de 10 a 12 bayas, constituyen un purgante enérgico, del que abusan demasiado las gentes del campo. Las hojas frescas tienen un sabor amargo y, al restregarlas, exhalan un olor balsámico; se usan al exterior como derivativos, aplicándolas sobre las úlceras producidas por cáusticos. En cocimiento y reducidas a pulpa, producen un cambio favorable en las úlceras indolentes. En cataplasmas, obran como resolutivas en los infartos fríos. En infusión, adicionando vinagre, curan la sarna. En los tallos viejos se recoge una goma resinosa muy útil contra la caries dentaria; calma, además, el dolor de muelas. En infusión, provoca el flujo menstrual. *Botánica oculta:* Planta consagrada a Mercurio. Con ella se tejía la corona de Baco. Los naturales del Montenegro, el día de la Natividad, adornan las puertas de sus casas con ramos de yedra; de este modo se ven protegidos, durante todo el año, de las maquinaciones de sus enemigos que poseen poderes ocultos. En ciertos pueblos de Alemania, subsiste todavía una costumbre los campesinos de los Vosgos: «Coged con la mano izquierda, y sin mirarlas, un puñado de estas hierbas, al azar, diciendo: «Soy la hierba de Noé, que ni plantada ni sembrada fué. Haz lo que Dios te mandó, el día que te creó.» Dice la tradición que la planta debe cogerse en una noche estrellada y en el plenilunio. El que coge la planta, al pronunciar la inocente invocación, debe pensar intensamente que con dicha hierba se curará del mal que le aqueja.» Planeta: *Mercurio*. Signo zodiacal: *Cáncer*.

FINIS

ancestral muy curiosa; ésta consiste en que la primera vez que extraen leche de una vaca (acontece siempre en primavera), practican la operación a través de una corona de yedra. Obrando de esa forma creen que el animal seguirá dándoles el precioso alimento sin experimentar enfermedad alguna. Fría y seca. Signos zodiacales: *Tauro* o *Sagitario*.

Zanahoria *(Dancus carotta)*. La Zanahoria, cocida con leche, se recomienda para combatir con éxito los catarros de pecho. Su raíz y semillas son aperitivas, muy indicadas para el mal de piedra y, asimismo, para provocar la menstruación. Sus hojas son vulnerarias y sudoríficas. El cocimiento de Zanahoria alivia, y en muchos casos cura, los ataques de asma. Desconocemos sus propiedades mágicas.

Zaragatona *(Plantago psyllium)*. Sus semillas son emolientes; puestas en agua proporcionan abundante cantidad de mucílago. En el *Libro de los Remedios*, de Fray Anselmo, hallamos la siguiente receta: «Para curar el estreñimiento: Pon en un vaso dos dedos o tres de agua y echa en ella una cucharadita (llena a rebosar) de Zaragatona. Déjala media hora en infusión y tómala en ayunas durante algunos días, y curarás. Si el estreñimiento es crónico, usa de este remedio dos veces al día : una al irte a acostar y otra al levantarte de la cama.» Desconocemos sus virtudes mágicas.

Zarzaparrilla *(Smílax médica)*. Su raíz es estimulante, diaforética y depurativa. Favorece la digestión y activa la nutrición. Se recomienda para curar el eczema pertinaz y el reumatismo crónico. A dosis elevadas suele producir vómitos y postración de fuerzas. El cocimiento de su raíz se emplea particularmente contra los humores de la sangre y enfermedades venéreas. Se administra en infusión, la que se obtiene haciendo hervir 40 gramos de material quebrantado en un litro de agua. Dosis : Como depurativo : Un vaso, tomado por la mañana, en ayunas, durante la primavera. Para las enfermedades venéreas : Un litro diario, en diez tomas, cuyo tratamiento debe durar unos dos meses. *Botánica oculta:* Propiedades mágicas de esta planta, en rigor, no conocemos ninguna ; sólo en el campo del folklore hallamos la siguiente creencia, muy extendida entre

ÍNDICE

Págs.

FIN DEL ÍNDICE